学看 XUEKAN
建筑工程施工图丛书
JIANZHU GONGCHENG SHIGONGTU CONGSHU

给水排水施工图

（第二版）

主编｜乐嘉龙　参编｜陈钢　周锋

中国电力出版社
CHINA ELECTRIC POWER PRESS

内 容 提 要

　　本书是学看建筑工程施工图丛书之一。内容主要包括怎样看与给水排水专业有关的建筑施工图，怎样看给水排水工程图，怎样看室内给水工程图，怎样看热水供应图，怎样看室内排水图，怎样看室外给水管网工程图等。为便于读者学习和掌握所学的内容，书末附有《建筑给水排水制图标准》节录、给水排水工程施工图实例与识图点评，有很强的实用性和针对性。

　　本书可作为从事建筑施工技术入门人员学习建筑工程施工图的学习指导书，也可供建筑行业其他工程技术人员及管理人员工作时参考。

图书在版编目（CIP）数据

学看给水排水施工图/乐嘉龙主编．—2版．—北京：中国电力出版社，2018.3
（学看建筑工程施工图丛书）
ISBN 978－7－5198－1693－3

Ⅰ.①学…　Ⅱ.①乐…　Ⅲ.①给排水系统—工程施工—识图　Ⅳ.①TU82

中国版本图书馆 CIP 数据核字（2018）第 011868 号

出版发行：中国电力出版社
地　　　址：北京市东城区北京站西街 19 号（邮政编码 100005）
网　　　址：http://www.cepp.sgcc.com.cn
责任编辑：乐　苑　（010－63412380）
责任校对：太兴华
装帧设计：王红柳
责任印制：杨晓东

印　　　刷：三河市航远印刷有限公司
版　　　次：2002 年 1 月第一版　2018 年 3 月第二版
印　　　次：2018 年 3 月北京第八次印刷
开　　　本：787 毫米×1092 毫米　16 开本
印　　　张：9.75
字　　　数：234 千字
定　　　价：39.00 元

前　言

图纸是工程技术人员共同的语言。了解施工图的基本知识和看懂施工图纸，是参加工程施工的技术人员应该掌握的基本技能。随着我国经济建设的快速发展，建筑工程的规模也日益扩大。刚参加工程建设施工的人员，尤其是新的从业建筑工人，迫切需要了解房屋的基本构造，看懂建筑施工图纸，为实施工程施工创造良好条件。

为了帮助工程技术人员和建筑工人系统地了解和掌握识图的方法，我们组织编写了《学看建筑工程施工图丛书》。本套丛书包括《学看建筑施工图》《学看建筑结构施工图》《学看钢结构施工图》《学看给水排水施工图》《学看暖通空调施工图》《学看建筑装饰施工图》《学看建筑电气施工图》。本套丛书系统介绍了工程图的组成、表示方法，施工图的组成、编排顺序和看图、识图要求等，同时也收录了有关规范和施工图实例，还适当地介绍了有关专业的基本概念和专业基础知识。

《学看建筑工程施工图丛书》第一版出版已经有十几年，受到了广大读者的关注和好评。近年来各种专业的国家标准不断更新，设计制图也有了新的要求。为此，我们对这套书重新校核进行了修订，增加了对现行制图标准的注解以及新的知识和图解，以期更好地满足读者对于识图的需求。

限于时间和作者水平，疏漏和不妥之处在所难免，恳请广大读者批评指正。

编者

2018 年 2 月

第一版前言

图纸是工程技术人员的共同语言。了解施工图的基本知识和看懂施工图纸,是参加工程施工的技术人员应该掌握的基本技能。随着改革开放和经济建设的发展,建筑工程的规模也日益扩大。对于刚参加工程建筑施工的人员,尤其是新的建筑工人,迫切希望了解房屋的基本构造,看懂建筑施工图纸,学会这门技术,为实施工程施工创造良好的条件。

为了帮助建筑工人和工程技术人员系统地了解和掌握识图、看图的方法,我们组织了有关工程技术人员编写了《学看建筑工程施工图丛书》,本套丛书包括《学看建筑施工图》《学看建筑结构施工图》《学看建筑装饰施工图》《学看给水排水施工图》《学看暖通空调施工图》《学看建筑电气施工图》。本丛书系统介绍了工程图的组成、表示方法,施工图的组成、编排顺序和看图、识图要求等,同时也收录了有关规范和施工图实例,还适当地介绍了有关专业的基本概念和专业基础知识。

书中列举的看图实例和施工图,均选自各设计单位的施工图及国家标准图集。在此对有关设计人员致以诚挚的感谢。为了适合读者阅读,作者对部分施工图作了一些修改。

限于编者水平,书中难免有错误和不当之处,恳请读者给予批评指正,以便再版时修正。

编者

目 录

第一章

怎样看与给水排水专业有关的建筑施工图

第一节 概 述

房屋建筑施工图是按建筑设计要求绘制的指导施工的图纸，是建造房屋的依据。工程技术人员必须看懂整套施工图，按图施工，这样才能体现出房屋的功能和用途、外形、规模及质量安全。因此，掌握识读和绘制房屋施工图是从事建筑专业的工程技术员的基本技能。

一、房屋的分类和组成

房屋建筑按用途的不同可分类如下：

(1) 民用建筑（居住建筑、公共建筑），如住宅、宿舍、办公楼、旅馆、图书馆等。

(2) 工业建筑，如纺织厂、钢铁厂、化工厂等。

(3) 农业建筑，如拖拉机站、谷仓等。

建筑物虽然名目繁多，但一般都是由基础、墙（或柱）、楼（地）面、屋顶、楼梯、门窗等组成的。

图1-1是一幢由钢筋混凝土构件和砖墙承重组成的混合结构楼房的基本组成图。屋顶

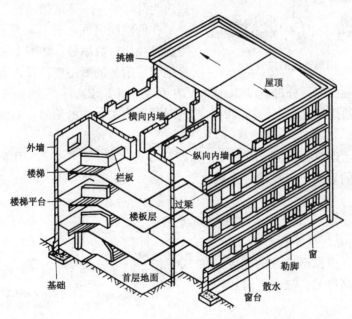

图1-1 房屋的基本组成

1

及外墙组成了整个房屋外壳，称为围护结构。楼面在房屋内部，是用来分隔楼屋空间的，它既是下层房屋的顶板，又是上层房屋的地面。为便于上下楼层的联系，还设有楼梯。内墙将房屋隔成不同用途的房间。为了便于室与室之间和楼内与楼外的联系，房屋中设置了门。房屋中的窗户是为了采光和通风，天沟（檐沟）、雨水管、散水起着排水的作用。此外，尚有雨篷、阳台等。

二、建筑施工图的有关规定

为确保图纸质量，提高制图和识图的效率，在绘制施工图时，必须严格遵守国家标准中的有关规定。

1. 图线

绘图时，首先按所绘图样选用的比例选定粗实线的宽度"b"，然后再确定其他线型的宽度。

2. 定位轴线

在施工时要用定位轴线定位放样，因此，凡承重墙、柱、大梁或屋架等主要承重构件都应画出轴线，以确定其位置。对于非承重的隔断墙及其他次要承重构件等一般不画轴线，只要注明它们与附近轴线的相关尺寸，以确定其位置即可。

定位轴线用细点画线表示，末端画细实线圆，圆的直径为 8mm，圆心应在定位轴线的延长线上或延长线的折线上，并在圆内注明编号。水平方向编号采用阿拉伯数字从左至右顺序编写，竖向编号应用大写拉丁字母从下至上顺序编写。拉丁字母中的 I、O、Z 不得用作轴线编号，以免与数字 1、0、2 混淆。如字母数量不够使用，可增用双字母或单字母加数字注脚，如 AA、BB、…、YY 或 A1、B1、…、Y1 等。

定位轴线也可采用分区编号，编号的注写形式应为分区号——该区轴线号。

在两轴线之间，有的需要用附加轴线表示，附加轴线用分数编号。如图 1-2 中的 $\frac{1}{2}$，表示 2 号轴线后附加的第一根轴线。当在 1 号轴线或 A

图 1-2 附加轴线的编号

号轴线之前附加轴线时，分母应以 01 或 0A 表示（见图 1-2）。

当一个详图适用于几根定位轴线时，应同时注明有关轴线的编号，如图 1-3 所示。

3. 标高

标高用来表示建筑物各部位的高度。标高符号为"▽、△"，用细实线画出，短横线是需注明高度的界线，长横线之上或之下注出标高数字，例如 $\underset{3.200}{\bigtriangledown}$、$\overset{4.500}{\bigtriangleup}$，小三角形高约 3mm，是等腰直角三角形，标高符号的尖端，应指至被注的高度。在同一图纸上的标高符号，应上下对正，大小相等。

总平面图上的标高符号，宜用涂黑的

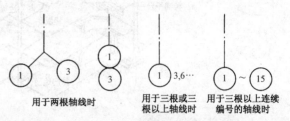

图 1-3 详图的轴线编号

三角形表示。标高数字可注明在黑三角形的右上方，如 $\blacktriangledown^{2.75}$，也可注写在黑三角形的上方或右面。

标高数字以米为单位，注写到小数点以后第三位（在总平面图中可注写到小数点后第二位）。零点标高应注写成±0.000，正数标高不注"＋"，负数标高应注"－"，例如3.000、－0.600。

4. 索引符号与详图符号

施工图中某一部位或某一构件如另有详图，则可画在同一张图纸内，也可画在其他有关的图纸上。为了便于查找，可通过索引符号和详图符号来反映该部位或构件与详图及有关专业图纸之间的关系。

(1) 索引符号。索引符号如图1-4所示，是用细实线画出来的，圆的直径为10mm。当索引出的详图与被索引的图在同一张图纸内时，在上半圆中用阿拉伯数字注出该详图的编号，在下半圆中间画一段水平细实线；当索引出的详图与被索引的图不在同一张图纸内时，在下半圆中用阿拉伯数字注出该详图所在图纸的编号。当索引出的详图采用标准图时，在圆的水平直径的延长线上加注标准图册的编号。

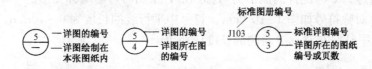

图 1-4　索引符号

当索引的详图是局部剖面（或断面）详图时，索引符号在引出线的一侧加画一剖切位置线，引出线在剖切位置的哪一侧，表示该剖面向哪个方向作的剖视（见图1-5）。

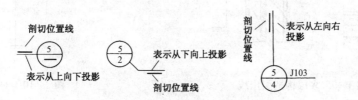

图 1-5　索引剖面详图的索引符号

(2) 详图符号。详图符号如图1-6所示，是用粗实线画出来的，圆的直径为14mm。当圆内只用阿拉伯数字注明详图的编号时，说明该详图与被索引图样同在一张图纸内；若详图与被索引的图样不在同一张图纸内，就可用细直线在详图符号内画一水平直径，在上半圆内注明详图编号，在下半圆中注明被索引图样的图纸号。

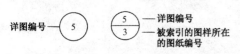

图 1-6　详图符号

要注意的是图中需要另画详图的部位应编上索引号，并将另画的详图编上详图号。两者之间须对应一致，以便查找。

5. 其他符号

(1) 引出线。建筑物的某些部位需要用文字或详图加以说明时，可用引出线（细实线）从该部位引出。引出线用水平方向的直线，或与水平方向成30°、45°、60°、90°的直线，或经上述角度再折为水平的折线。文字说明可注写在横线的上方［见图1-7（a）］，也可注写在横线的端部［见图1-7（b）］。索引详图的引出线，应对准索引符号的圆心［见图1-7（c）］。

同时引出几个相同部分的引出线可画成平行线［见图1-8（a）］，也可画成集中于一点的放射线［见图1-8（b）］。

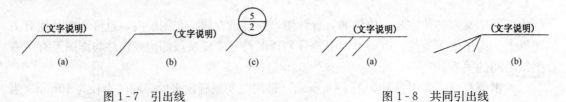

图1-7 引出线　　　　　　　　　　　图1-8 共同引出线

用于多层构造的共同引出线，应通过被引出的多层构造，文字说明可注写在横线的上方，也可注写在横线的端部。说明的顺序自上至下，与被说明的各层要相互一致。若层次为横向排列，则由上至下的说明顺序要与由左至右的各层相互一致（见图1-9）。

（2）对称符号。如构配件的图形为对称图形，绘图时可画对称图形的一半，并用细实线画出对称符号，对称符号如图1-10所示。符号中平行线的长度为6～10mm，平行线的间距宜为2～3mm，平行线在对称线两侧的长度应相等。

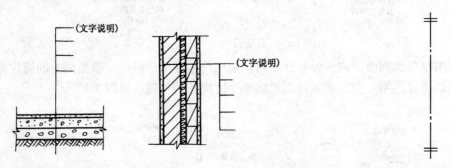

图1-9 多层构造引出线　　　　　　　　图1-10 对称符号

（3）连接符号与指北针一个构配件，如绘制位置不够，就可分成几个部分绘制，并用连接符号表示。连接符号以折断线表示需要连接的部位，并在折断线两端靠图样一侧，用大写拉丁字母表示连接编号，两个被连接的图样，必须用相同的字母编号，如图1-11所示。

指北针符号的形状如图1-12所示，圆用细实线绘制，其直径为24mm，指北针尾部的宽度宜为3mm。

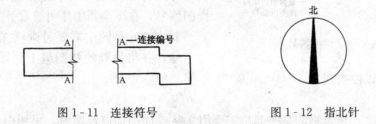

图1-11 连接符号　　　　　　　图1-12 指北针

三、建筑施工图的内容和用途

为表达出建筑设计的要求，建筑施工图有建筑物的总体布局、外部造型、内部布置、内外装修、细部构造、设备和施工要求等多种图样。

施工放样、砌墙、门窗安装、室内外装修及预算的编制和施工组织计划等，都需要建筑施工图提供依据。

建筑施工图中有施工总说明、总平面图、建筑平面图、建筑剖面图、建筑立面图、建筑详图和门窗表等图纸。

第二节 施工总说明和建筑总平面图

拟建房屋的施工要求和总体布局，由施工总说明和建筑总平面图表示出来。一般中小型房屋建筑施工图首页（即是施工图的第一页）就包含了这些内容。

一、施工总说明

对整个工程的统一要求（如材料、质量要求等）、具体做法及该工程的有关情况，都可在施工总说明中作具体的文字说明。

二、建筑总平面图

建筑总平面图是表明新建房屋基地所在范围内的总体布置的图样。它要表达新房屋的位置和朝向，与原有建筑物的关系，周围道路、绿化布置及地形、地貌等内容。建筑总平面图是新建房屋定位、土方施工及绘制其他专业（如水、暖、电等）管线平面图和施工总平面布置图的依据。

第三节 建 筑 平 面 图

一、平面图的形成和用途

假想用一水平剖切平面，沿着房屋各层门、窗洞口处将房屋切开，移去剖切平面以上部分，向下所作的水平投影图，称为建筑平面图，简称平面图，如图1-13所示。

剖切平面沿房屋底层门、窗洞口剖切，所得到的平面图称为底层平面图。通常，楼层房屋应画出各层平面图（称二、三、……层平面图）。当有些楼层平面布置相同或只有局部不同时，也可只画一个共同的平面图（称为标准层平面图）。对于局部不同的地方，则另画局部平面图。

平面图是放线、砌筑墙体、安装门窗、做室内装修及编制预算、备料等的基本依据。

二、平面图的图示内容及表示方法

1. 底层平面图

底层平面图不仅要反映室内情况，还要反映室外可见的台阶、明沟（或散水）、花台等。

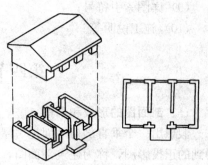

图1-13 建筑平面图的形成

楼梯间中，由于底层平面图是底层窗台上方的一个水平剖面图，故只画出第一个楼段的下半部分楼梯，并按规定用倾斜折断线断开。

2. 楼层平面图

楼层平面图的图示方法与底层平面图相同。因为室外的台阶、花台、明沟、散水和雨水管的形状和位置已经在底层平面图中表达清楚了，所以中间各层平面图除要表达本层室内情况外，只需画出本层的室外阳台和下一层室外的雨篷、遮阳板等。

3. 屋顶平面图

屋顶平面图比较简单，可用较小的比例绘制。屋顶平面图除了表明了屋顶的形状、屋面排水方向及坡度、天沟或檐沟的位置，还有女儿墙、屋脊线、雨水管、上人孔及水箱的位置等。

4. 局部平面图

当某些楼层的平面布置基本相同而仅有局部不同时，则这些不同部分就可用局部平面图表示。当某些局部布置由于比例较小而固定设备较多或内部组合比较复杂时，也可另画较大比例的局部平面图。局部平面图的图示方法与底层平面图相同。为了清楚地表明局部平面图所处的位置，必须标注与平面图一致的轴线及其编号。常见的局部平面图有厕所间、盥洗室、楼梯间等。

三、平面图的主要内容

平面图的主要内容可概括如下（并可按其顺序识读）：

（1）图名、比例；

（2）纵横定位轴线及其编号；

（3）各种房间的布置和分隔，墙、柱断面形状和大小；

（4）门、窗布置及其型号；

（5）楼梯梯段的走向；

（6）台阶、花台、阳台、雨篷等的位置，盥洗间、厕所、厨房等的固定设施的布置及雨水管、明沟等的布置；

（7）平面图的轴线尺寸，各建筑构配件的大小尺寸和定位尺寸及楼地面的标高，某些坡度及其下坡方向；

（8）剖面图的剖切位置线和剖视方向及其编号，表示房屋朝向的指北针（这些仅在底层平面图中表示）；

（9）详图索引符号；

（10）施工说明等。

第四节　建　筑　剖　面　图

一、剖面图的形成和用途

假想用一个垂直剖切平面把房屋剖开，移去靠近观察者的部分，对留下部分作正投影所得到的正投影图，称为建筑剖面图，简称剖面图，如图 1-14 所示。

建筑剖面图是用来表达建筑物内部垂直方向的高度、楼层分层情况及简要的结构形式和构造方式的。它与建筑平面图、立面图相配合，是建筑施工图中不可缺少的重要图样之一。

剖面图的剖切位置应选择在内部结构和构造比较复杂或有代表性的部位，其数量应根据房屋的复杂程度和施工的实际需要而定。二层以上的楼房，一般至少要有一个通过楼梯间剖切的剖面图。剖面图的剖切位置和剖视方向，可以从底层平面图中找到。

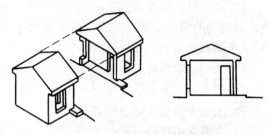

图 1-14 建筑剖面图的形成

二、剖面图的图示内容及表示方法

1. 图示内容

剖面图中的室内外地面用一单线表示，地面以下部分一般不需要画出。因为基础部分将由结构施工图中的基础图来表示，所以把室内外地面以下的基础墙面上折断线。至于室内外地面的层次和做法，可在剖面图中直接表达或在墙身剖面详图中表达，有时在施工说明里就有介绍。

各层楼面都设有楼板，屋面设置屋面板，它们搁置在墙或楼（屋）面梁上。平屋面为了排水的需要，屋面板铺设成一定的坡度，并在檐口处或其他需要部位设置天沟板，使屋面上的雨水通过天沟排向雨水管。楼板及屋面板的形状可用两条线示意性地表示。当楼板或屋面板的构造层次、做法较复杂时，可用详图表明；简单的可直接在剖面图中注明。

在剖面图中剖切到的门窗洞上方要画出过梁的断面和在结构平面上布置的圈梁，在剖面图中的相应位置也应画出。

因为上行梯段是剖切到的梯段，所以下行梯段是可见梯段，但各层间的楼梯平台都是被剖切到的。

在剖面图中，除了必须画出被剖切到的构件（如墙身、室内外地面、楼板层、屋顶层、各种梁、梯段、平台等）外，还应画出未剖切到的可见部分（如门窗、楼梯段、楼梯扶手等）。

2. 有关规定和表示方法

（1）定位轴线。剖面图中的定位轴线一般只画出两端的轴线及其编号，以便与平面图对照。

（2）图线。室内外地面线用加粗的实线表示。剖到的墙身、楼板、屋面板、楼梯段、楼梯平台等轮廓线用粗实线表示。未剖切到但可见的门窗洞、楼梯段、楼梯扶手和内外墙的轮廓线用中粗实线表示。门、窗扇及其分格线、水斗及雨水管等用细实线表示。尺寸线、尺寸界线、引出线和标高符号按规定应画成细实线。

尺寸标注建筑剖面图中，必须标注垂直尺寸和标高。外墙的高度尺寸一般也要注三道：最外侧一道为室外地面以上的总高尺寸；中间一道为层高尺寸，即底层地面到二层楼面、各层楼面到上一层楼面、顶层楼面到檐口处的屋面等，同时还应注明室内外地面的高差尺寸。里面一道为门、窗洞及洞间墙的高度尺寸。此外，还应标注某些局部尺寸，如室内门窗洞、窗台的高度及有些不另画详图的构配件尺寸等。剖面图上两轴线间的尺寸也必须注出。

在建筑剖面图上，室内外地面、楼面、楼梯平台面、屋顶檐口顶面都应注明建筑标高。某些梁的底面、雨篷底面等应注明结构标高。

三、剖面图的主要内容

剖面图的主要内容可概括如下（并可按其顺序识读）：

（1）图名、比例；

（2）定位轴线及其尺寸；

（3）剖切到的屋面（包括隔热层及吊顶）、楼面、室内外地面（包括台阶、明沟及散水等），剖切到的内外墙身及其门、窗（包括过梁、圈梁、防潮层、女儿墙及压顶），剖切到的各种承重梁和连系梁、楼梯梯段及楼梯平台、雨篷及雨篷梁、阳台、走廊等；

（4）未剖切到的可见部分，如可见的楼梯梯段、栏杆扶手、走廊端头的窗，可见的梁、柱，可见的水斗和雨水管，可见的踢脚线和室内的各种装饰等；

（5）垂直方向的尺寸及标高；

（6）详图索引符号；

（7）施工说明等。

第五节　建筑立面图

建筑立面图是投影面平行于建筑物各个外墙面的正投影图，如图 1-15 所示。

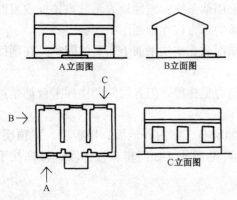

图 1-15　建筑立面图的形成

建筑立面图是用来表示建筑物的外貌，并表明外墙装饰要求的图样。

一、立面图的图示内容和要求

现以立面图来说明立面图的图示内容和图示要求。

1. 图示内容

立面图上表达了外墙面上设置的门、窗形式及位置。从底层走廊到室外地面设有砖砌踏步、楼层走廊栏杆。檐口部分设计成挑檐，对照剖面图，可知挑檐采用了封檐做法。

立面图上还注明了外墙面、挑檐及楼层走廊栏杆的装饰要求，如挑檐下部贴白色面砖、上部贴琉璃瓦，楼层走廊的栏杆及楼西侧两间外墙面均贴白色面砖。

立面图上标注了室内外地面、各层楼面、檐口及檐口顶面的标高，在垂直方向也标注了三道尺寸，其内容与建筑剖面图相同。

2. 有关规定和表示方法

定位轴线在立面图中一般只画出两端的轴线及其编号，以便与平面图对照识读。

图线一般立面图的外形轮廓线用粗实线表示；室外地面线用特粗实线（1.4b）绘制；阳台、雨篷、门窗洞、台阶、花台等轮廓线用中实线表示；门窗扇及其分格线、雨水管、墙面引条线、有关说明的引出线、尺寸线、尺寸界线和标高等，均用细实线表示。

图例及符号由于立面图的比例较小，所以门窗可按规定图例绘制。有时立面图中的阳台门和部分窗中画有斜的细线，那是门窗开启方向的符号。细实线表示外开，细虚线表示内开，开启线两条斜线的交点表示门窗转轴的位置。凡是门窗型号相同的，只要画其中一个就可以了，其余部分可只画出门窗洞轮廓线。

有关详图索引符号的要求与平、剖面图相同。

尺寸标注立面图上一般应在室外地面、室内地面、各层楼面、檐口、窗台、窗顶、雨篷底、阳台面等处注写标高，并宜沿高度方向注写各部分的高度尺寸。

其他规定平面形状曲折的建筑物，可绘制展开立面图。圆形或多边形平面的建筑物，可分段展开绘制立面图，但均应在图名后加注"展开"两字。较简单的对称式建筑物或对称的构配件等，在不影响构造处理和施工的情况下，立面图可绘制一半并在对称轴线处画对称符号。

二、立面图的主要内容

立面图的主要内容分列如下（并可按其顺序识读）：

（1）图名、比例；

（2）立面两端的定位轴线及其编号；

（3）门窗的形状、位置及开启方向；

（4）屋顶外形及可能有的水箱位置；

（5）窗台、雨篷、阳台、台阶、雨水管、水斗、外墙面勒脚、其他线脚、外部装饰等的位置、形状和做法；

（6）标高及必须标注的局部尺寸；

（7）详图索引符号；

（8）施工说明等。

第二章

怎样看给水排水工程图

第一节 概　　述

　　给水排水工程是城市建设的基础设施之一，它分为给水工程和排水工程。给水工程是为满足城镇居民生活和工业生产等用水需要而建造的工程设施；排水工程是与给水工程相配套，用来汇集、输送、处理和排除生活污水、生产污水及雨水、雪水的工程设施。图例见表2-1。

表 2-1　　　　　　　　　　　　　图　　例

序号	名　称	图　例	说　明	序号	名　称	图　例	说　明
1	管　道	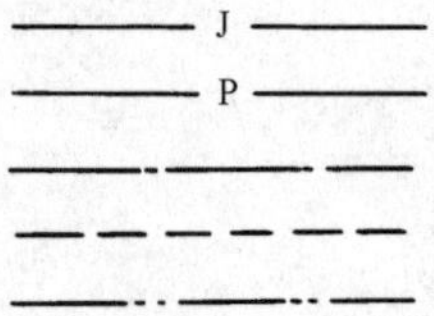 —— J —— ／ —— P —— ／ -------	用汉语拼音字头表示管道类别 用图例表示管道类别	11	检查口		
				12	清扫口		
2	管道立管	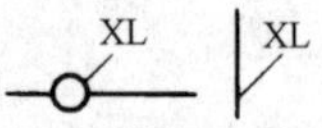 XL　　XL	X 为管道类别代号	13	通气帽		
3	交叉管	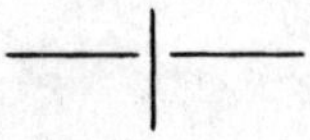	在下方和后面的管道应断开	14	雨水斗	YD	
				15	地　漏		
4	三通连接			16	截止阀		
5	四通连接			17	止回阀		
6	多孔管			18	放水龙头		
7	流　向			19	室内消火栓		左图：单口 右图：双口
8	坡　向			20	室外消火栓		
9	弯折管		表示管道向后弯90° 表示管道向前弯90°	21	洗脸盆		
				22	浴　盆	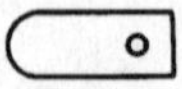	
10	存水弯			23	化验盆 洗涤盆	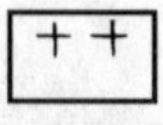	

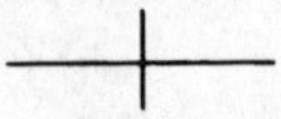

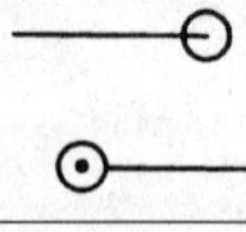

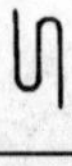

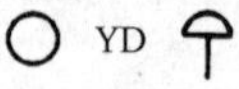

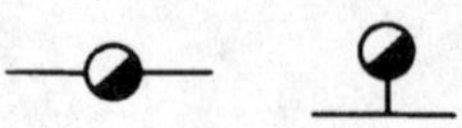

序号	名　称	图　例	说　明	序号	名　称	图　例	说　明
24	污水池			30	阀门井、检查井		
25	小便器		左图：挂式 右图：立式	31	水表井		
26	大便器		左图：蹲式 右图：坐式	32	离心水泵		
27	淋浴喷头			33	温度计		
28	雨水口			34	压力表		
29	化粪池	HC	左图：矩形 右图：圆形	35	水封井		

一、给水排水工程的分类及组成

给水排水工程分为室外给水排水和室内给水排水两类，它们包括：

$$室外给水排水\begin{cases}城市给水排水\begin{cases}城市给水\\城市排水\end{cases}\\小区（厂区）给水排水\end{cases}$$

$$室内给水排水\begin{cases}室内给水\\室内排水\end{cases}$$

城市给水由于水源及地理环境等自然条件和具体情况的不同，城市给水系统的组成实际上是多种多样的。通常它由取水、净水、贮水、输配水工程等所组成。

城市排水一般采用分流制的排水体制，即将城市的排水系统分为污水和雨水两种排除系统。污水系统一般包括排水管道、检查井、化粪池等。此外，还有污水泵站、污水处理构筑物（污水处理厂）和出水口等。雨水系统一般由雨水口、庭院和小区（厂区）雨水管、雨水检查井、市政雨水管及出水口等组成。

室内给水及排水的组成如图 2-1 所示。

室内给水一般的生活给水系统组成如下：引入管自室外给水总管将水引至室内管网的管段；水表节点位于引入管段的中间，它装有水表、前后阀门及泄水口等；给水管网由水平干管、立管、支管等组成的管道系统；配水器材或用水设备如各种配水龙头、阀门、卫生设备等。

室内排水一般生活污水系统组成如下：卫生设备用来接纳污水并经存水弯或设备排出管排入横支管；横水管接纳各设备排出的污水，使排入污水立管内，横支管应有一定坡度；排水立管接受各横支管排放的污水，并将其排入排出管；排出管是室内排水立管与室外检查井之间的连接管段；通气管是排水立管上端延伸出屋面的部分；清扫设备为疏通排水管道而设置的检查口和清扫口。

二、给水排水工程图的分类

给水排水工程图是建筑工程图的组成部分，它一般分为室内给水排水工程图和室外给水

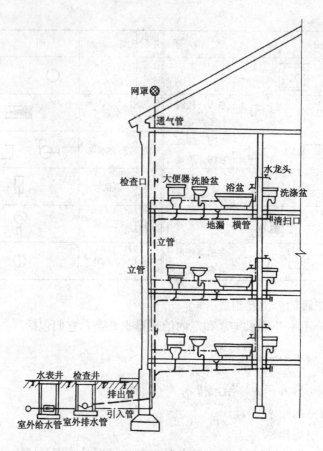

图 2-1 室内给水及排水的组成

排水工程图。

室外给水排水工程图表示的范围较广，它可表示一幢建筑物外部的给水排水工程，也可表示一个厂区（建筑小区）或一个城市的给水排水工程。其内容可包括平面图、高程图、纵断画图、详图。室内给水排水工程图是表示一幢建筑物内部的工程设施情况，它包括平面图、系统图、屋面雨水平面图、剖面图、详图等。除室内外工程图外尚有工艺流程图、水处理构筑物工艺图等。

对于一般给水排水工程而言，主要包括室内给水排水平面图、室内给水排水系统图、室外给水排水平面图及有关详图。

第二节　给水排水工程图的图示特点及一般规定

一、图示特点

（1）给水排水工程图中的平面图、剖面图、高程图、详图及水处理构筑物工艺图等都是用正投影绘制的。系统图是用轴测投影绘制的。纵断面图是用正投影法取不同比例绘制的。工艺流程图则是用示意法绘制的。

（2）图中的管道、器材和设备一般采用统一图例表示。其中，如卫生器具的图例是较实物大为简化的一种象形符号，一般应按比例画出。

（3）给水及排水管道一般采用单线画法以粗线绘制，纵断面图的重力管道、剖面图和详图的管道宜用双粗线绘制，而建筑、结构的图形及有关器材设备均采用中线、细线绘制。

（4）不同直径的管道，以同样线宽的线条表示，管道坡度无需按比例画出（画成水平），管径和坡度均用数字注明。

（5）靠墙敷设的管道，不必按比例准确表示出管线与墙面的微小距离，图中只需略有距离即可。即使暗装管道可按明装管道一样画在墙外，只需说明哪些部分要求暗装。

（6）当在同一平面位置布置有几根不同高度的管道时，若严格按投影来画，平面图就会重叠在一起，这时可画成平行排列。

（7）为了删掉不需表明的管道部分，常在管线端部采用细线的S形折断符号表示。

（8）有关管道的连接配件均属规格统一的定型工业产品，在图中均不予画出。

二、一般规定

1. 图线

（1）新建给水排水管线采用粗线。

（2）给水排水设备、构件的轮廓线，新建建筑物、构筑物的轮廓线采用中实线（可见）、中虚线（不可见）。原有给水排水管采用中线。

（3）原有建筑物、构筑物轮廓线，被剖切的建筑构造轮廓线采用细实线（可见）、细虚线（不可见）。

（4）尺寸、图例、标高、设计地面线等采用细实线。

（5）细点画线、折断线、波浪线等的使用，与建筑图相同。

2. 比例

小区（厂区）平面图	1：2000	1：1000	1：500	1：200	
室内给水排水平面图	1：300	1：200	1：100	1：50	
给水排水系统图	1：200	1：100	1：50 或不按比例		
剖面图	1：100	1：60	1：50	1：40	1：30 1：10
详图	1：50	1：40	1：30	1：20	1：10
	1：5	1：3	1：2	1：1	2：1

3. 标高

（1）单位为m。一般注至小数点后第三位，在总图中可注写到小数点后两位。

（2）标注位置。管道应标注起起点、转角点、连接点、变坡点、交叉点的标高。压力管道宜标注管中心标高，室内外重力管道宜标注管内底标高。必要时，室内架空重力管道可标注管中心标高，但图中应加以说明。

（3）标高种类。室内管道应注相对标高；室外管道宜注绝对标高，无资料时可注相对标高，但应与总图专业一致。

（4）标注方法。平面图、系统图按图2-2的方式标注，剖面图按图2-3的方式标注。

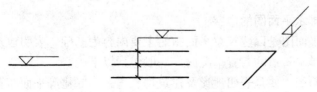

图2-2　平面图和系统图的标注方法

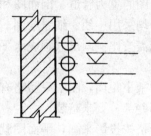

图 2-3 剖面图中
管道标高注法

4. 管径

（1）单位为 mm。

（2）表示方法。低压流体输送用镀锌焊接钢管、不镀锌焊接钢管、铸铁管、硬聚氯乙烯管、聚丙烯管等，管径应以公称直径 DN 表示（如 $DN15$、$DN50$ 等）；耐酸陶瓷管、混凝土管、钢筋混凝土管、陶土管（缸瓦管）等，管径应以内径 d 表示（如 $d230$、$d380$ 等）。

焊接钢管、无缝钢管等，管径应以外径×壁厚表示（如 $D108×4$、$D159×4.5$ 等）。

（3）标注方法。单管及多管管径标注如图 2-4 所示。

5. 编号

（1）当建筑物的给水排水进口、出口数量多于一个时，宜用阿拉伯数字编号［见图 2-5（a）］。

（2）建筑物内穿过一层及多于一层楼层的立管，其数量多于一个时，宜用阿拉伯数字编号［见图 2-5（b）］，JL 为管道类别和立管代号。

（3）给水排水附属构筑物（阀门井、检查井、水表井、化粪池等）多于一个时应编号。给水阀门井的编号顺序，应从水源到用户，从干管到支管再到用户。排水检查井的编号顺序，应从上游到下游，先支管后干管。

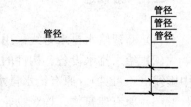

图 2-4　单管及多管管径标注法

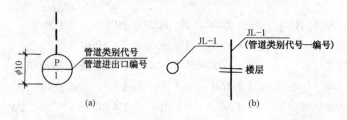

图 2-5　管道编号表示法
（a）给水排水进出口编号；（b）立管编号

第三节　室外给水排水平面图

室外给水排水施工图主要是表明房屋建筑的室外给水排水管道、工程设施及其与区域性的给水排水管网、设施的连接和构造情况。室外给水排水施工图一般包括室外给水排水平面图、高程图、纵断面图及详图。对于规模不大的一般工程，则只需平面图即可表达清楚。

一、室外给水排水平面图的内容

室外给水排水平面图是以建筑总平面图的主要内容为基础，表明建筑小区（厂区）或某幢建筑物室外给水排水管道的布置情况的，一般包括以下内容：

（1）建筑总平面图主要是表明地形及建筑物、道路、绿化等平面布置及标高状况的。

（2）该区域内新建和原有给水排水管道及设施的平面布置、规格、数量、标高、坡度、流向等。

（3）当给水和排水管道种类繁多、地形复杂时，给水与排水管道可分系统绘制或增加局部放大图、纵断面图。

二、识读

（1）了解设计说明，熟悉有关图例。

（2）区分给水与排水及其他用途的管道，区分原有管道和新建管道，分清同种管道的不同系统。

（3）分系统按给水及排水的流程逐个了解新建阀门井、水表井、消火栓和检查井、雨水口、化粪池以及管道的位置、规格、数量、坡度、标高、连接情况等。

必要时需与室内平面图，尤其是底层平面图及其他室外有关图纸对照识读。

下面以某科研所办公楼为例识读如下（见图 2-6）：

给水系统：原有给水管道是从东面市政给水管网引入的管中心距离锅炉房 2.5m，管径为 $DN75$。其上设一水表井 BJ1，内装水表及控制阀水。给水管一直向西再折向南，沿途分设支管分别接入锅炉房（$DN50$）、库房（$DN25$）、试验车间（$DN40×2$）、科研楼（$DN32×2$），并设置了三个室外消火栓。

新建给水管道则是由科研楼东侧的原有给水管阀门井 J3（预留口）接出，向东再向北引入新建办公楼，管径为 $DN32$，管中心标高 3.10m。

排水系统：根据市政排水管网提供的条件采用分流制，分为污水和雨水两个系统分别排放。其中，污水系统原有污水管道是分两路汇集至化粪池的进水井。北路：连接锅炉房、库

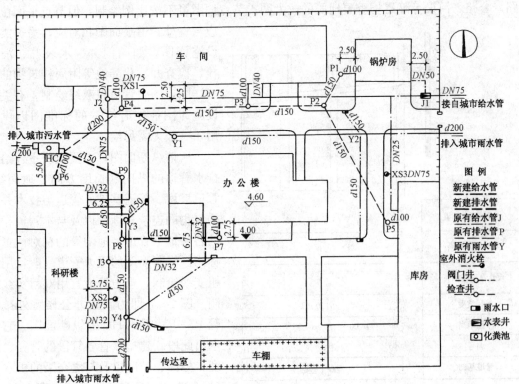

图 2-6　室外给水排水平面图

房和试验车间的污水排出管，由东向西接入化粪池（P5、P1-P2-P3-P4-H.C.）。南路：连接科研楼污水排出管向北排入化粪池（P6-H.C.）。新建污水管道是办公楼污水排出管由南向西再向北排入化粪池（P7-P8-P9-H.C.）。汇集到化粪池的污水经化粪池预处理后，从出水井排入附近市政污水管。各管段管径、检查井井底标高及管道、检查井、化粪池的位置和连接情况如图2-6所示（同时参阅图2-7）。

雨水系统：各建筑物屋面雨水经房屋雨水管流至室外地面，汇合庭院雨水经路边雨水口进入雨水道，然后经由两路Y1-Y2向东和Y3-Y4向南排入城市雨水管。

三、绘制

（1）选定比例尺，画出建筑总平面图的主要内容（建筑物及道路等）。

（2）根据底层管道平面图，画出各房屋建筑给水系统引入管和污水系统排出管。

（3）根据市政（或新建建筑物室外）原有给水系统和排水系统的情况，确定与各房屋引入管及排出管相连的给水管线和排水管线。

（4）画出给水系统的水表、阀门、消火栓，排水系统的检查井、化粪池及雨水口等。

（5）注明管道类别、控制尺寸（坐标）、节点编号、各建筑物、构筑物的管道进出口位置、自用图例及有关文字说明等。当不绘制给水排水管道纵断面图时，图上应将各种管道的管径、坡度、管道长度、标高等标注清楚。

（6）若给水排水管道种类繁多、系统规模较大、地形比较复杂，则需将给水与排水分系统绘制，并增加局部放大图和纵断面图。

所谓局部放大图主要有两类：一类是节点详图，表达管道数量多，连接情况复杂或穿越铁路、公路、河渠等障碍物重要地段的放大图。节点详图可不按比例绘制，但节点平面位置应与室外管道平面图相对应；另一类是设施详图，如阀门井、水表井、消火栓、检查井、化粪池等附属构筑物的施工详图，图中管道以双线绘制。有关的设施详图往往有统一的标准图以供选用，一般无需另绘。

所谓纵断面图，主要表明室外给水排水管道的纵向（长度方向）地面线、管道坡度、管道基础、管道与技术井等构筑物的连接和埋深以及与本管道相关的各种地下管道、地沟等的相对位置和标高。纵断面图的压力管道一般宜用单粗实线绘制，重力管道宜用双粗实线绘制。图2-7即为新建办公楼室外排水管P7-P8-P9-HC的纵断面图，它显示出此段新建排水管各管段的管径、坡度、标高、长度以及与之交叉的雨水管（标高3.30m）和给水管（标高3.10m）的相对位置关系。

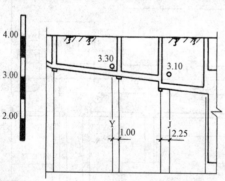

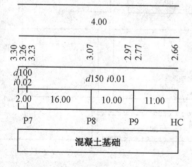

自然地面标高				
设计地面标高	4.00			
设计管内底标高	3.30 3.26 3.23	3.07	2.97 2.77	2.66
管径坡度	$d100$ $i0.02$	$d150\ i0.01$		
平面距离	2.00	16.00	10.00	11.00
编号	P7	P8	P9	HC
管道基础	混凝土基础			

图2-7　排水管道纵断面图

第四节 室内给水排水施工图

室内给水排水施工图主要包括给水排水平面图、系统图和详图等。

一、室内给水排水平面图

1. 内容

室内给水排水平面图是表明给水排水管道及设备的平面布置的图纸，主要包括：

(1) 各用水设备的平面位置、类型。

(2) 给水管网及排水管网的各个干管、立管、支管的平面位置、走向、立管编号和管道的安装方式（明装或暗装）。

(3) 管道器材设备如阀门、消火栓、地漏、清扫口等的平面位置。

给水引入管、水表节点、污水排出管的平面位置、走向及与室外给水、排水管网的连接（底层平面图）。

(4) 管道及设备安装预留洞位置、预埋件、管沟等方面对土建的要求。

2. 绘制

(1) 平面图的数量和范围。多层房屋的管道平面图原则上应分层绘制，管道系统布置相同的楼层平面可以绘制一个平面图，但底层平面图仍应单独画出。

底层管道平面图应画出整幢房屋的建筑平面图，其余各层可仅画布置有管道的局部平面图。

(2) 房屋平面图。室内给水排水面图是在建筑平面图的基础上表明给水排水有关内容的图纸，因此该图中的建筑轮廓线应与建筑平面图一致。但该图中的房屋平面图不是用于土建施工，而仅作为管道系统及设备的水平布局和定位的基准。因此，仅需抄绘房屋的墙身、柱、门窗洞、楼梯、台阶等主要构配件，至于房屋细部、门扇、门窗代号等均略去。

可采用与建筑平面图相同的比例，如显示不清可放大比例。

图线采用细线绘制（0.35b）。底层平面图要画全轴线，楼层平面图可仅画边界轴线。

(3) 卫生器具平面图。卫生器具中的洗脸盆、大便器、小便器等都是工业产品，不必详细表示，可按规定图例画出；盥洗台、大便槽、小便槽等是在现场砌筑的，其详图由建筑专业绘制，在管道平面图中仅需画出其主要轮廓。

卫生器具的图线采用中实线（0.5b）绘制。

(4) 管道平面图。管道平面图是用水平剖切平面剖切后的水平投影，然而各种管道不论在楼面（地面）之上或之下，都不考虑其可见性。亦即每层平面图中的管道均以连接该层卫生设备的管路为准，而不是以楼地面为分界。如属本层使用但安装在下层空间的重力管道，均绘于本层平面图上。

一般将给水系统和排水系统绘制于同一平面图上，这对于设计和施工以及对于识读都比较方便。

在底层管道平面图中，各种管道要按照系统编号。系统的划分视具体情况而异，一般给水管道以每一引入管为一个系统；排水管道以每一排出管为一排水系统。

由于管道的连接一般均采用连接配件，往往另有安装详图。平面图（及系统图）中的管道连接均为简略表示，具有示意性。

（5）尺寸标注。房屋的水平方向尺寸一般只需在底层管道平面图中注出轴线尺寸，另外要注出地面标高（底层平面还需注出室外地面整平标高）。

卫生器具和管道一般都是沿墙靠柱设置的，不必标注定位尺寸（一般在说明中写明），必要时以墙面或柱面为基准标出。卫生器具的规格可在施工说明中写明。

管道的管径、坡度和标高均标注在管道系统图中，在管道平面图中不必标注。

（6）绘图步骤。描绘"建筑施工图"的建筑平面图（有关部分）及卫生器具平面图。画出给水排水管道平面图。标注尺寸、标高、系统编号等，注写有关文字说明及图例。

二、室内给水排水系统图

1. 内容

室内给水排水系统图是根据各层给水排水平面图中管道及用水设备的平面位置和竖向标高用正面斜轴测投影绘制而成的。它表明室内给水管网和排水管网上下层之间，左右前后之间的空间关系。该图注有各管径尺寸、立管编号、管道标高和坡度，并标明各种器材在管道上的位置。把系统图与平面图对照阅读可以了解整个室内给水排水管道系统的全貌。

2. 绘制

（1）轴向选择。管道系统图一般采用正面斜等测投影绘制，亦即 OX 轴处于水平位置，OZ 轴铅垂，OY 轴一般与水平线成 $45°$ 夹角，三轴的变形系数都是 1。

管道系统图的轴向要与管道平面图的轴向一致，亦即 OX 轴与管道平面图的长度方向一致，OY 轴与管道平面图的宽度方向一致。

根据轴测投影的性质，在管道系统图中，与轴向或 XOZ 坐标面平行的管道反映实长，与轴向或 XOZ 坐标面不平行的管道不反映实长。

（2）比例。管道系统图一般采用与管道平面图相同的比例绘制，管道系统复杂时亦可放大比例。

当采取与平面图相同的比例时，绘制轴测图比较方便，OX 和 OY 轴向的尺寸可直接从平面图上量取，OZ 轴向的尺寸可依层高和设备安装高度量取（设备安装高度可参见卫生设备施工安装详图）。

（3）管道系统。各管道系统图符号的编号应与底层管道平面图中的系统编号一致。

管道系统图一般应按系统分别绘制，这样就可以避免过多的管道重叠和交叉。

管道的画法与平面图的画法一样，给水管道采用粗实线，排水管道用粗虚线。管道器材用图例表示，卫生器具省略不画。

当空间交叉的管道在图中相交时，在相交处将被挡的后面或下面的管线断开。

当各层管网布置相同时，不必层层重复画出，而只需在管道省略折断处标注"同某层"即可。管道连接的画法具有示意性。

当管道过于集中而无法画清楚时，可将某些管段断开，移至别处画出，在断开处给以明确的标记。

（4）房屋构件位置关系的表示。为了反映管道和房屋的联系，在管道系统图中还要画出被管道穿过的墙、地面、楼面、屋面的位置，这些构件的图线用细实线画出，构件剖面的方向按所穿越管道的轴测方向绘制，其表示方法见图 2 - 8。

（5）尺寸标注。

1）管径。管道系统中所有管段均需标注管径，当连续几段管段的管径相同时，可仅注其中两端管段的管径，中间管段可省略不注。

2）坡度。凡有坡度的横管都要注出其坡度，坡度符号的箭头应指向下坡方向。当排水横管采用标准坡度时，图中可省略不注，而在施工说明中写明。

3）标高。管道系统图中标注的标高是相对标高，即以底层室内地坪为±0.000m。在给水管道系统图中，标高以管中心为准，一般要注出横管、阀门、放水龙头和水箱各部位的标高。在排水管道系统图中，横管的标高一般由卫生器具的安装高度和管件尺寸所决定，所以不必标注。必要时，架空管道可标注管中心标高，但图中应加说明。对于

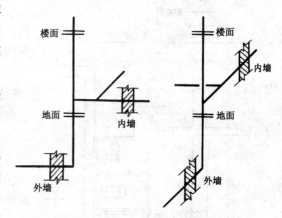

图 2-8　管道与房屋构件位置关系表示方法

检查口和排出管起点（管内底）的标高，均需标出。此外，还要标注室内地面、室外地面、各层楼面和屋面等的标高。标高符号可略小于"国标"规定，其高一般采用2~2.5mm。

（6）图例。管道平面图和系统图应列出统一图例，其大小要与图中的图例大小相同。

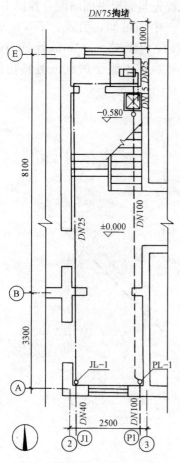

图 2-9　首层给水排水平面图

（7）绘图步骤。管道系统图应参照管道平面图按管道系统编号分别绘制。首先，画立管；然后，依次画立管上的各层地面线、屋面线、给水引入管或污水排出管、通气管、给水引入管或污水排出管所穿越的外墙位置，从立管上引出各横管，在横管上画出用水设备的给水连接支管或排水承接支管；再画出管道系统上的阀门、龙头、检查口等器材；最后，标注管径、标高、坡度、有关尺寸及编号等。

三、平面图和系统图的识读

（1）熟悉图纸目录，了解设计说明，在此基础上将平面图与系统图联系，对照识读。

（2）应按给水系统和排水系统分系统分别识读，在同类系统中应按编号依次识读。

1）给水系统根据管网系统编号，从给水引入管开始沿水流方向经干管、立管、支管直至用水设备，循序渐进。

2）排水系统根据管网系统编号，从用水设备开始沿排水方向经支管、立管、排出管到室外检查井，循序渐进。

（3）在施工图中，对于某些常见部位的管道器材、设备等细部的位置、尺寸和构造要求，通常是不加说明的，而是遵循专业设计规范、施工操作规程等标准进行施工的，读图时欲了解其详细做法，尚需参照有关标准图集和安装详图。

下面以某科研所办公楼为例加以识读（见图2-9~图2-11）。

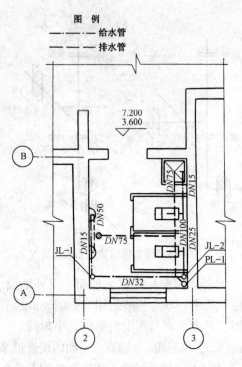

图例
———·——— 给水管
———— ——— 排水管

7.200
3.600

DN75
DN15
DN50
DN15
DN100
DN25
DN75
JL-1
DN15
JL-2
PL-1
DN32

B

A

② ③

图 2-10　二、三层给水排水平面图

1. 平面图

（1）搞清各层平面中哪些房间布置有卫生器具，是否有管道通过，它们是如何布置的，这些房间的楼地面标高是多少。

由图可知，在该办公楼的三层中均设有厕所（其他房间无给水排水设施）。一层厕所位于楼梯平台之下，内设大便器一个，厕所外设一污水池。二、三层厕所位于楼梯对面，内设大便器两个、污水池一个、小便斗两个，均沿内墙顺次布置。一层厕所地面标高为-0.580m，二、三层厕所地面标高分别为 3.580m 和 7.180m（均较本层地面低 0.020m）。

（2）搞清有几个管道系统。

根据底层管道平面图的系统索引符号可知给水系统有 J/1，排水系统有 P/1。

2. 系统图

（1）给水系统首先与底层平面图配合找出 J/2 管道系统的引入管。由图可知，引入管 DN40 是由轴线②处进入室内，于标高-0.30m 处分为两支，其中一支 DN25 入一层厕所，出地面后设一控制阀门，然后在距地面 0.80m 处接出横

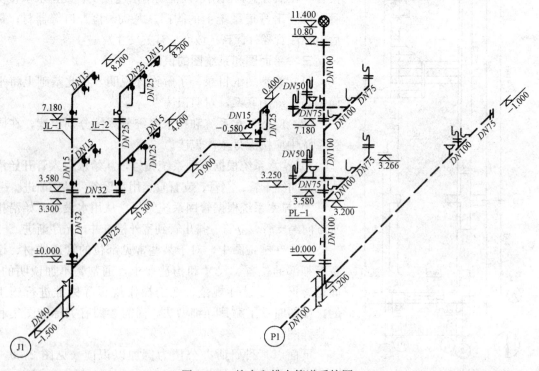

图 2-11　给水和排水管道系统图

支管至污水池上安装水龙头一个，在立管距地面 0.98m 处接出横支管至大便器上并安装冲洗阀门和冲洗管。另一支管 DN32 穿出底层地面沿墙直上供上层厕所，立管 DN32 在穿越二层楼面之前于标高 3.300m 处再分两支，其中一支沿外墙内侧接出水平横管 ND32 至轴线③处墙角向上穿越二、三层楼面，分别接出水平支管安装便器冲洗管和污水池水龙头，在每层立管上均设有控制阀门；另一支管 DN15 沿原立管向上穿越二、三层楼面，分别接出水平支管安装小便斗，小便斗连接支管和每层立管上均设有控制阀门。

（2）排水系统配合底层平面图可知本系统有一排出管 DN100 在轴线③处穿越外墙接出室外，一层厕所通过排水横管 DN100 接入排出管，二、三层厕所通过排水立管 PL1 接入排出管，立管 PL1 的 DN100 位在轴线③与Ⓐ的墙角处（可在各层平面图的同一位置找到）。二、三层厕所的地漏和小便斗（通过存水弯）由横管 DN75 连接，并排入连接污水池和大便器（通过存水弯）的横管 DN100，然后排入立管 PL1。各层的污水横管均设在该层楼面之下。立管 PL1 上端穿出屋面的通气管的顶端装有钢丝球。在一层和三层距地面 1m 处的立管上各装一检查口。由于一层厕所距排出管较远，排水横管较长，故在排水横管另端设一掏堵，以便于清通。

第五节　给水排水工程详图

在以上所介绍的室内和室外给水排水施工图中，无论是平面图、系统图，都只是显示了管道系统的布置情况，至于卫生器具、设备的安装，管道的连接、敷设，尚需绘制能供具体施工的安装详图。

详图要求详尽、具体、明确，视图完整，尺寸齐全，材料规格注写清楚，并附必要的说明。详图采用比例较大，可按前述规定选用。

当各种管道穿越基础、地下室、楼地面、屋面、梁和墙等建筑构件时，其所需预留孔洞和预埋件的位置及尺寸，均应在建筑结构施工图中明确表示，而管道穿越构件的具体做法需以安装详图表示，图 2-12 即为管道穿墙的一种做法。

一般常用的卫生器具及设备安装详图，可直接套用给水排水国家标准图集或有关的详图图集，而无需自行绘制。选用标准图时，只需在图例或说明中注明所采用图集的编号即可。对不能套用的则需自行绘制详图。现举洗脸盆、污水池安装详图和排水检查井设施详图为例供参阅，见图 2-13～图 2-15。

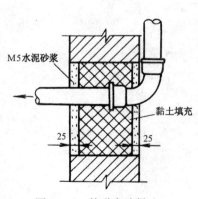

图 2-12　管道穿墙做法

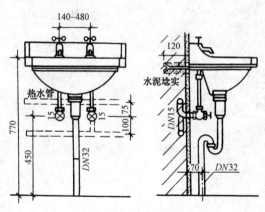

图 2-13　洗脸盆

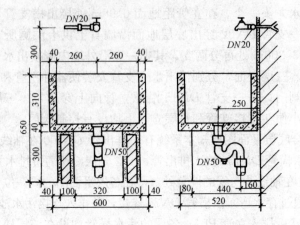

图 2-14 污水池

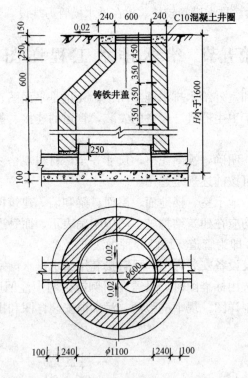

图 2-15 检查井

怎样看室内给水工程图

第一节 室内给水系统的分类和组成

一、室内给水系统的分类

室内给水系统的任务，是根据各类用户对水量、水压的要求，将水由城市给水管网（或自备水源）输送到装置在室内的各配水龙头、生产机组和消防设备等各用水点上。

室内给水系统按用途分可分为三类：

1. 生活给水系统

供民用、公共建筑和工业企业建筑内的饮用、烹调、盥洗、洗涤、淋浴等生活上的用水。要求水质必须严格符合国家规定的饮用水质标准。

2. 生产给水系统

生产给水系统种类繁多，一般有以下几个方面：生产设备的冷却、原料和产品的洗涤、锅炉用水及某些工业原料用水等。生产用水对水质、水量、水压以及安全方面的要求由于工艺不同，差异是很大的。

3. 消防给水系统

供层数较多的民用建筑、大型公共建筑及某些生产车间的消防系统的消防设备用水。消防用水对水质要求不高，但必须按建筑防火规范保证有足够的水量和水压。

上述三种给水系统，实际并不一定需要单独设置，按水质、水压、水温及室外给水系统情况，考虑技术、经济和安全条件，可以相互组成不同的共用系统。如生活、生产、消防共用给水系统，生活、消防共用给水系统，生活、生产共用给水系统，生产、消防共用给水系统。

在工业企业内，给水系统比较复杂，由于生产过程中所需水压、水质、水温等的不同，又常常分成数个单独的给水系统。为了节约用水，又将生产用水划分为循环使用给水系统及重复使用给水系统。

二、室内给水系统的组成

一般情况下，室内给水系统由如图 3-1 所示的各部分组成。建筑物的给水是从室外给水管网上经一条引入管进入的，引入管安装有进户总闸门和计算用水量用的水表，再与室内给水管网联接。为了确保建筑用水的水量和足够的压力，在室内给水管网上往往安装局部加压用水泵，在建筑物底层建贮水池，在建筑物顶层安装贮水箱。按建筑物的防火要求，还要设置消防给水系统。

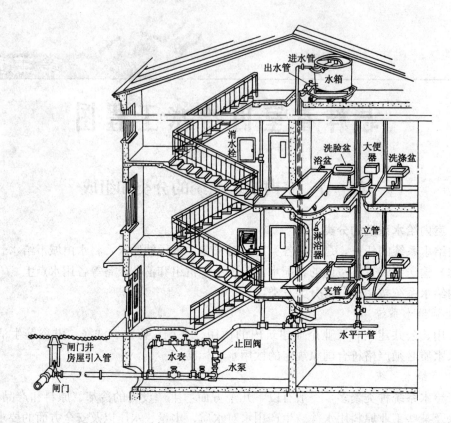

图 3-1 室内给水系统

第二节 室内给水系统的给水方式和轴测图示

室内给水系统的给水方式主要根据建筑物的性质、高度、配水点的布置情况、室内用水所需要的水压和室外供水管网的供水情况所决定。

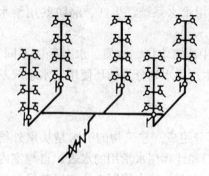

图 3-2 直接给水系统轴测图示

1. 直接给水系统

室内仅有给水管道系统,没有任何升压设备,直接从室外给水管道上接管引入。它适用于室外管网的水量水压在任何时间内都能保证室内给水设备需要的建筑物。其系统轴测图如图 3-2 所示。

2. 设有水箱的给水系统

当室外管网中的水压周期不足或一天中的某些时间内不足,以及当某些用水设备要求水压恒定或要求安全供水的场合时应用。这种给水系统设有水箱,其系统轴测图如图 3-3 所示。

3. 设有水泵的给水系统

设有水泵的给水系统,适用于室外管网压力不足,且室内用水量均匀,需要在水压不足时开启水泵供水的情况。但当采用此给水方式时,水泵不从室外给水管网中直接抽水,在建筑物底层要建贮水池，水泵自贮水池中抽向室内给水管网供水。当室外给水管网压力足时，水泵停止工作，由室外给水管网向室内给水管网直接供水，如图 3-4 所示。

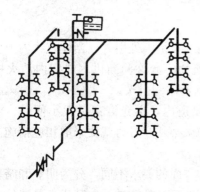

图 3-3　设有水箱的给水系统轴测图示　　　图 3-4　设有水泵的给水系统轴测图示

4. 设有水箱和水泵的给水系统

当室外给水管网压力经常性不足时，给水系统除如图 3-4 所示设有水泵和底层贮水池外，在建筑物顶层还设有贮水箱，如图 3-5 所示。

5. 分区给水系统

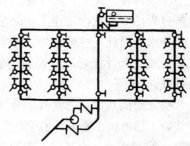

在高层建筑中，为防止由于管内静压力过大而损坏管道接头和配水设备，采用沿楼层高度不同的分区供水，每个区有独立的一套管网、水箱和水泵设备。同样，不同区域的水泵均不得与室外给水管网直接联接，水泵抽水来自高层建筑底层内的贮水池。不同高度的给水区域应配备不同扬程的水泵，并在每供水区域顶层设贮水箱，如图 3-6 所示。

图 3-5　设有水箱和水泵的
给水系统轴测图示

6. 环状给水系统

当建筑物用水量较大，不允许间断供水，室外给水管网水压和水量又不足时，为保证建筑物用水的可靠性，建筑物用水可自城市给水管网上两处引入，在建筑物内构成环状给水系统，如图 3-7 所示。

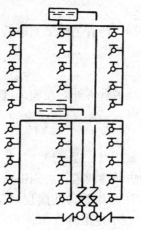

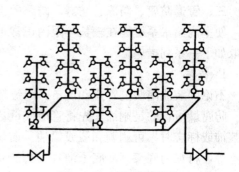

图 3-6　分区给水系统图示　　　　　　图 3-7　环状供水图示

第三节　室内给水管道的布置和敷设

一、给水管道的布置

一幢单独建筑物的给水引入管，宜从建筑物用水量最大处引入。当建筑物内卫生用具布置比较均匀时，应在建筑物中央位置引入。当建筑物不允许间断供水或室内消火栓总数在10个以上时，引入管要设置两条，并由城市管网的不同侧引入。

室内给水管道不允许敷设在排水沟、烟道和风道内，不允许穿过大小便槽、橱窗、壁柜、木装修，应尽量避免穿过建筑物的沉降缝，如果必须穿过时就要采取相应措施。

二、给水管道的敷设

室内给水管道的敷设，根据建筑对卫生、装饰方面的要求不同，分为明装和暗装。

明装是管道在室内沿墙、梁、柱、天花板下、地板旁外露敷设。其优点是造价低，施工安装、维护修理均较方便。缺点是由于管道表面积灰、产生凝水等，影响环境卫生，而且明装有碍房屋美观。一般民用建筑和大部分生产车间均为明装方式。

暗装是管道在房内的地下室天花板下或吊顶中，或在管井、管槽、管沟中隐蔽敷设。暗装卫生条件好，美观，对于标准较高的高层建筑、宾馆等均采用暗装；在工业企业中，某些生产过程中要求室内洁净无尘时也采用暗装。暗装工程投资高，施工和维修均不方便。

给水管道除单独敷设外，亦可与其他管道一同架设，考虑到安全、施工、维护等要求，当平行或交叉设置时，对管道间的相互位置、距离、固定方法等应按管道综合有关要求统一处理。

引入管的敷设，其室外部分埋深由土壤的冰冻深度及地面荷载情况决定。通常敷设在冰冻线以下20mm、覆土不小于 $0.7\sim1.0$ m 的深度。在穿过墙壁进入室内部分，可有下面两种情况，见图3-8。由基础下面通过，穿过建筑物基础或地下室墙壁。其中任一情况都必须保护引入管，使其不致因建筑物沉降而受到损坏。为此，在管道穿过基础墙壁部分需预留大于引入管直径200mm的孔洞，在管外填充柔性或刚性材料，或者采取预埋套管、砌分压拱、设置过梁等措施。

水表节点一般装置在建筑物的外墙内或室外专门的水表井中。装置水表的地方气温应在2℃以上，并应便于检修、不受污染、不被损坏、查表方便。

管道在穿过建筑物内墙及楼板时，一般均应留预留孔洞，待管道施工完毕后，用水泥砂浆堵塞，以防孔洞影响结构强度。

三、管道防腐、防冻、防露、防漏的技术措施

使室内给水系统能在较长年限内正常工作，除应加强维护管理外，在施工过程中还需要采取如下一系列措施。

1. 防腐

不论明装或暗装的管道和设备，限镀锌钢管外都必须做防腐处理。

防腐最可行的是刷油，先将管道或设备表面除锈，刷防锈漆两道，再刷银粉。当管道需要装饰或标志时，可刷调和漆或铅油。质量较高的防腐方法是做管道防腐层，层数为3～9层不等，材料为底漆（冷底子油）、沥青玛瑞脂、防水卷材、牛皮纸等。

埋在土里的铸铁管，外表要刷沥青防腐，明装部分可刷红丹漆及银粉。

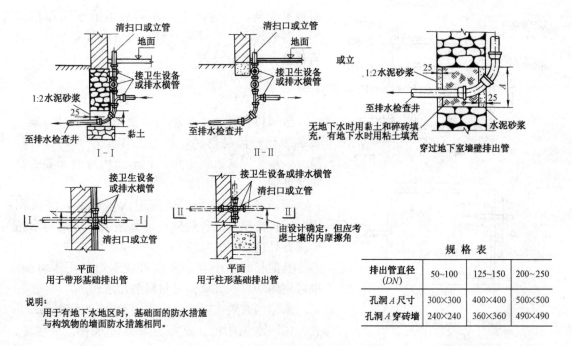

规 格 表			
排出管直径 (DN)	50~100	125~150	200~250
孔洞A尺寸	300×300	400×400	500×500
孔洞A穿砖墙	240×240	360×360	490×490

图3-8　引入管穿过建筑物基础

工业上用于输送酸、碱液体的管道，除采用耐酸碱、耐腐蚀的管道外，也可将钢管或铸铁管内壁涂衬防腐材料。

2. 防冻、防露

安装在温度低于0℃的地方的设备和管道，应当进行保温防冻，如寒冷地区的顶层水箱、冬季不采暖的室内和阁楼中的管道以及敷设在受室外冷空气影响的门厅、过道等处的管道，在刷底漆后，应采取保温措施。

在气候温暖潮湿的季节里，采暖的卫生间、工作温度较高空气湿度较大的房间（如厨房、洗衣房、某些生产车间）或管道内水温较室温为低的时候，管道及设备的外壁可能产生凝结水，时间长了会损坏墙壁，引起管道腐蚀，影响使用及环境卫生，必须采取防结露措施，如做防潮绝缘层。防潮层的做法一般与保温层的做法相同。

3. 防漏

管道漏水不仅浪费水资源，而且会损坏建筑物，特别是对于湿陷性黄土地区，管道漏水是绝对不允许的。

发生漏水的情况有两种，一种是暗漏，如敷设在地下和墙壁中隐蔽处的管道，因接头不紧密或建筑物沉陷使管道产生裂缝而漏水；另一种是明漏，当明装管道接头不严时，各种卫生用具的水龙头及便器冲洗水箱零件损坏引起漏水。因此，必须严格要求施工质量，做到加强管理，及时维修并采用相应的技术措施，以便及时发现漏水。

第四节　水箱及气压给水设备

一、水箱

常用的水箱做成圆形、方形和矩形。圆形水箱结构合理，节省材料，造价低廉，但平面

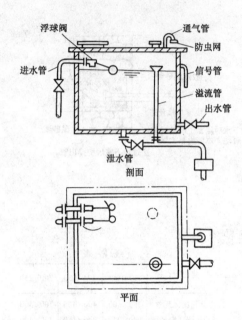

图 3-9　水箱附件示意

布置不方便，占地较大。方形和矩形水箱布置方便，占地较小，但对于大型水箱结构较复杂，材料消耗量大，造价较高。

1. 水箱的构成

（1）水箱材料。水箱材料有以下几种。

金属材料：大小水箱均可使用，重量轻，施工安装方便；但易锈蚀，维护工作量较大，造价较高。一般采用碳素钢板焊接，水箱内外表面要进行防腐处理。

钢筋混凝土材料：适用于大型水箱，经久耐用，维护简单，造价较低；但重量大，管道与水箱连接处处理不好容易漏水。

其他材料：小容积和临时性水箱可用木材做；也可使用塑料、玻璃钢等材料制作水箱。

水箱内有效水深，一般采用 0.07～2.50mm。

（2）水箱附件。水箱应设有进水管、出水管、溢流管、泄水管、信号管等，如图 3-9 所示。

进水管：水箱进水管一般要从侧壁接入。当水箱靠室内管网压力进水时，进水管出口应装浮球阀。浮球阀不少于两个，其中一个坏了，其余仍能工作。每个浮球阀前装有检修闸门。水箱由水泵供水，并利用水箱中水位自动控制。水泵运行时，不装浮球阀。

出水管：出水管可从水箱侧壁或底部接出，进出水管合用时，出水管上安装止回阀，如图 3-10 所示。

溢流管：溢流管从水箱侧壁接出。其直径比进水管大 1～2 号。溢流管上不得安装闸门，不能与排水系统直接连接，必须采用间接排水。溢流管上应有防止尘土、昆虫、蚊蝇等进入的措施，如设置水封、滤网。

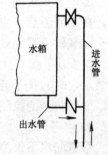

图 3-10　水箱进出水管接在同一条管道上示意

泄水管：水箱泄水管从水箱底部最低处接出。泄水管上装有闸门，并可与溢流管相接，但不得与排水系统直接连接。泄水管管径一般采用 40～50mm。

信号管：信号管在水箱上安装在溢流管的溢流液面齐平，即水箱水位在溢流管还没有溢流时，信号管开始流水。管径采用 15mm，接至经常有人值班房间的洗脸盆、洗涤槽处。

2. 水箱的安装和布置

水箱间在房屋内应处于便于管道布置、通风良好的位置。采光好，防蚊蝇，室内最低气温不得低于 5℃，水箱间净高不得低于 2.2m。水箱在水箱间的布置见表 3-1。

二、气压给水设备

1. 气压给水的特点

气压给水装置与高位水箱或水塔相比，有如下优点：

（1）灵活性大。

表 3-1 水 箱 布 置 间 距 m

水箱形式	水箱外壁至墙面的距离		水箱之间的距离	水箱至建筑结构最低点的距离
	设浮球阀一侧	无浮球阀一侧		
圆形	0.8	0.5	0.7	0.6
方形或矩形	1.0	0.7	0.7	0.6

（2）气压水罐可设在任何高度。

（3）施工安装简便，便于扩建、改建和拆迁。

（4）给水压力可在一定范围内进行调节。

（5）地震区建筑、临时性建筑和因建筑艺术等要求不宜设置高位水箱和水塔的建筑，可用气压给水装置代替高位水箱或水塔。

（6）有隐蔽要求的建筑，可用气压装置代替高位水箱或水塔，以便达到隐蔽要求。

（7）水质不易被污染。隔膜式气压给水装置为密闭系统，故水质不会受外界污染。补气式装置虽有可能受补气和压缩机润滑油的污染，然而与高位水箱和水塔相比，被污染机会较少。

（8）投资少，建设周期短。气压给水装置可在工厂加工或成套购置，且施工安装简便，施工周期短，土建费用较低。

（9）便于实现自动控制。气压给水装置可利用简单的压力和液位继电器等实现水泵的自动控制，不需专人值班管理。

（10）便于集中管理。气压水罐可设在水泵房内，且设备紧凑、占地较小，便于与水泵集中管理。

气压给水也存在着如下比较明显的缺点：

（1）给水压力变动较大。变压式气压给水压力变动较大，可能影响给水配件的使用寿命和使用方便，对压力要求稳定的用户不适用。

（2）经常性费用较高。由于气压水罐的调节容积较小，水泵启动频繁，水泵在变压下工作平均效率较低，对于恒压式空气压缩机也需频繁启动运行，所以能量消耗较大、设备寿命较短、经常费用较高。

（3）耗用钢材较多。气压水罐的有效容积一般只占总容积的 $1/6 \sim 1/3$，所以钢材耗用较多。

（4）供水安全性较差。由于有效容积较小，一旦发生失电或自控失灵，则断水几率较大。补气式装置若在出水管上未设止气阀时，失电时罐中的空气可能串入给水管网，影响计量的准确性或造成其他故障，同时在重新启动时要重新补气，给操作带来麻烦，使启动时间延长。

2. 气压给水装置的类型

（1）变压式气压给水装置。当用户对水压没有特殊要求时，一般常采用变压式气压给水装置，即罐内空气压力随供水状况的变化而变化。气压水罐中的水在压缩空气压力下，被压送至给水管网，随着罐内水量减少，空气体积膨胀，压力减小。当压力降至设计最小工作压力时，压力继电器动作，使水泵启动。水泵出水除供用户外，多余部分进入压水罐，空气被压缩，压力上升。当压力升至最大工作压力时，压力继电器动作，使水泵关闭。

（2）定压式气压给水装置。当用户要求水压稳定时，可在变压式气压给水装置的供水管上安装调压阀，调压后水压在要求范围内，使管网处于恒压下工作。

（3）隔膜式气压给水装置。为简化气压给水装置，省略补气和排气装置，保护水质免遭脏空气和空气压缩机润滑油的污染，在气压水罐内设置弹性隔膜，将气、水隔开。

隔膜式气压给水装置也可设计成变压式和恒压式，与补气式气压给水装置相比，具有以下特点：

1）不需要补气和排气等气量调节装置。

2）可以不考虑水的保护（附加）容积，所以容量可减少 9%～22%。

3）自控系统简单，总造价较低，维护管理方便。

4）罐内空气不与水接触，可避免水质被空气污染。

5）气压水罐的空气部分因不与水接触，防腐要求可以适当降低。

第五节 室内消防给水系统工程图

室内消防设备当前多采用灭火机、消防给水等。对于建筑物中的一般物质火灾，用水扑灭是最经济有效的方法。灭火机为小型局部消防设备，仅在不适宜用水灭火和有特殊要求的场合采用。近年来泡沫消防设施发展很快，主要用于扑灭石油类产品火灾。

一、室内消火栓系统

室内消火栓系统是建筑物内采用最广泛的一种消防给水设备，由消防箱（包括水枪、水龙带）、消火栓、消防管道、水源所组成。当室外给水管网水压不能满足消防需要时，还须设置消防水箱和消防泵。

水枪是灭火的主要工具，用铝或塑料制造。室内采用的均为直流式水枪，其出流一端口径为 13、16、19mm，另一端为 50、65mm 等。水枪的作用在于产生灭火需要的充实水柱。

水龙带为麻织或橡胶的输水软管，室内采用麻织的较多。水龙带常用口径为 50、65mm，长度一般为 10、15、20m 三种。

室内消防管道的管材多用钢管，生活消防共用系统采用镀锌钢管，独立的消防系统采用不镀锌的黑铁管。

消火栓应分布在建筑物的各层之中，布置在明显的、经常有人出入、使用方便的地方。一般布置在耐火的楼梯间、走廊内、大厅及车间的出入口等处。

消火栓阀门中心装置高度距地面 1.2m。

消火栓及消防立管在一般建筑物中均为明装。在对建筑物要求较高及地面狭窄因明装凸出影响通行的情况下，则采用暗装方式。消防立管的底部设置球形阀，阀门经常开启，并应有明显的启闭标志。设置在消防箱内的水龙带平时要放置整齐，以便灭火时迅速展开使用。图 3-11 为消防箱安装图。

二、自动喷洒消防系统及其组成

自动喷洒灭火装置是一种能自动作用喷水灭火，同时发出火警信号的消防给水设备。这种装置多设在火灾危险性较大，起火蔓延很快的场所，或者设在容易自燃而无人管理的仓库以及对消防要求较高的建筑物或个别房间。如棉纺厂的原料成品仓库、木材加工车间、大面积商店、高层建筑及大剧院舞台等。

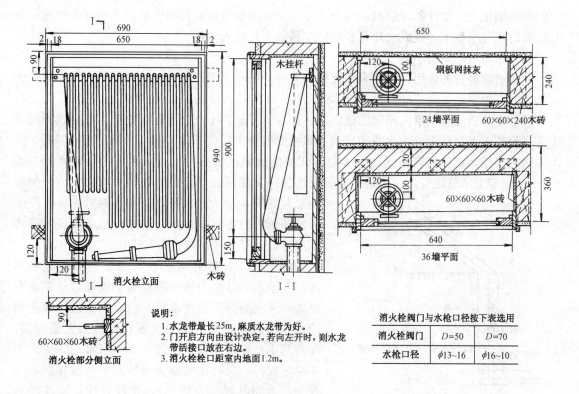

图 3-11　消防箱安装图

<table>
<tr><td colspan="3">消火栓阀门与水枪口径按下表选用</td></tr>
<tr><td>消火栓阀门</td><td>D=50</td><td>D=70</td></tr>
<tr><td>水枪口径</td><td>φ13~16</td><td>φ16~10</td></tr>
</table>

说明:
1. 水龙带最长25m, 麻质水龙带为好。
2. 门开启方向由设计决定。若向左开时, 则水龙带活接口放在右边。
3. 消火栓栓口距室内地面1.2m。

　　自动喷洒消防系统可为单独的管道系统, 也可以和消火栓消防合并为一个系统, 但不允许与生活给水系统相连接。

　　自动喷洒消防系统由洒水喷头、洒水管网、控制信号阀和水源(供水设备)所组成, 如图 3-12 所示。

　　自动喷洒消防系统的工作原理是: 当火灾发生时, 洒水喷头自动打开喷水灭火。如图 3-13 所示的是洒水喷头。喷头外框由黄铜制成, 框体借外螺纹连接在配水管上, 喷口平时被阀片密封盖住, 阀片用易熔合金锁片套拉住的两个八角支撑所顶住。当在喷头的保护区域内失火时, 火焰或热气流上升, 使布置在天花板下的喷头周围空气温度上升, 当达到预定限度时, 易熔合金锁片

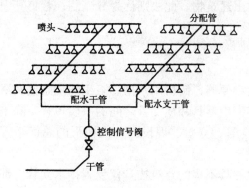

图 3-12　自动喷洒消防系统

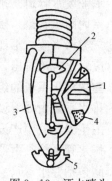

图 3-13　洒水喷头
1—易熔合金锁片; 2—阀片;
3—喷头外框;
4—八角支撑; 5—布水盘

上的焊料熔化，二锁片各自脱离，八角支撑失去拉力也分离，管路中的压力水冲开阀片，自喷口喷射在存水盘上，溅成一片花篮状的水幕淋下，扑灭火焰。

三、水幕消防系统

水幕消防装置的作用在于隔离火灾地区或冷却防火隔绝物，防止火灾蔓延，保护火灾邻近地区的房屋建筑免受威胁。水幕消防装置多用在耐火性能差，不能抗拒火灾的门、窗、孔、洞等处，防止火焰窜入相邻的建筑物。如在工厂里两个相邻车间，由于生产类别不同或工艺过程要求不允许设置防火墙或自动关闭性能的防火门或防火窗时，为满足工艺需要，并考虑防火安全，常采用较轻便的耐火材料代替防火墙或防火门窗，在火灾危险较大的一面（或两面）装上水幕设备，以增强耐火防火性能。又如剧院舞台上方，防火幕靠台内一侧需用水幕保护，在一定时间内能有效地阻止火灾向观众场蔓延。设在仓库、汽车库内的水幕设备，可将库房分成若干分区，防止火灾迅速扩大。

由于水幕头喷出的水不能构成一幅完整的水幕，在淋水的缝隙中热焰的辐射仍能通过，甚至有燃烧的飞火随热流透过水幕，所以水幕设备仅起到冷却作用，使被保护物的表面在强烈的火焰面前，保持其本身温度在着火点以下，而水幕的阻火作用不是很大的，只有在水量充沛情况下与被保护物配合（将水喷淋到防火物上），才能发挥较好的阻火效能。水幕消防系统由喷头、管网、控制设备、水源四部分组成，如图3-14所示。

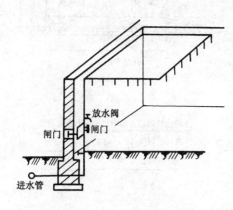

图 3-14　水幕消防系统图

第六节　室内排水系统分类和组成

一、污（废）水管道类别

根据所接纳排除的污（废）水性质，建筑物内部装设的排水管道分为三类：

（1）生活污水管道。排除人们日常生活中的盥洗、洗涤生活废水和粪便污水。

（2）工业废水管道。排除工矿企业生产过程中所排出的污（废）水。

（3）室内雨水管道。接纳排除屋面的雨雪水。

上述三类污（废）水如分别设置管道排出建筑物，此法则称为分流制；若将其中两类或三类污（废）水合流排出，则称合流制。

二、室内排水系统的组成

室内排水系统由如下设备和系统组成：

（1）卫生器具或生产设备受水器。如大小便器、厨房用水槽、卫生间洗脸盆及浴盆等。

（2）排水管系统。由器具排水管（连接卫生器具和横支管之间的一段短管，除坐式大便器外，其间包括存水弯）、有一定坡度的横支管、立管、埋设在室内地下的总横干管和排至室外的出户管等组成。

（3）通气管系统。一般层数不高、卫生器具不多的建筑物，仅设置排水立管上部延伸出屋顶的通气管；对层数较多的建筑物或卫生器具设置数甚多的排水管系统，应设辅助通气管及专用通气管。通气管的主要作用是将管道内的有害气体排到室外空气中去。

（4）清通设备。一般有检查口、清扫口、检查井以及带有清通门的 90°弯头或三通接头等设备，作为疏通管道用。

（5）提升设备。民用建筑中的地下室、人防建筑物、高层建筑的地下技术层、某些工业企业车间地下或半地下室、地下铁道等地下建筑物内的污（废）水不能自流排至室外时，必须设置污水提升设备。

（6）室外排水管道。自排出管接出的第一检查井后至城市下水道或工业企业排水干管间的排水管段即为室外排水管道。

（7）污水局部处理构筑物。室内污水未经处理不允许直接排入室外下水道或严重危及水体卫生，必须经过局部处理。

三、给水排水施工图的特点

（1）给排水、采暖、工艺管道及设备常采用统一的图例和符号表示，这些图例、符号并不能完全反映实物的实样。因此，在阅读时，要首先熟悉常用的给水排水施工图的图例符号所代表的内容。

（2）给水排水管道系统图的图例，线条较多，识读时，要先找出进水源、干管、支管及用水设备、排水口、污水流向、排污设施等。一般情况下，给水排水管道系统的流向图如下：

室内给水系统：用户管→水表井（或阀门井）→干管→立管→支管→用水设备。

室内排水系统：用水设备排水口→存水弯（或支管）→干管→立管→总管→室外下水井。

（3）给水排水管道布置纵横交叉，在平面图上很难表明它们的空间走向，所以常用轴测投影的方法画出管道系统的立面布置图，用以表明各管道的空间布置状况。这种图称为管道系统轴测图，简称管道系统图。在绘制管道系统轴测图时，要根据各层的平面布置绘制；识读管道系统轴测图时，应把系统图和平面图对照进行识读。

（4）给水排水施工图与土建筑工图有紧密的联系，留洞、打孔、预埋管沟等对土建的要求在图纸上要有明确的标识和注明。

室内给水排水平面图表示建筑物内的给水和排水工程内容，主要包括平面图、系统图和详图。室内与室外的分界一般以建筑物外墙为界（有时给水以进口处的阀门为界，热电厂水以室外第一个排水检查井为界）。平面图表明了给水排水管道及设备的平面布置，主要包括干管、支管、立管的平面位置，管口直径尺寸及各立管的编号，各管道零件（如阀门、清扫口等）的平面位置，给水进户管和污水排出管的平面位置及与室外给水排水管网的相互关系。图 3-15 是某单元住宅底层给水排水平面图，图 3-16 是楼层给水排水平面图。从图 3-15 中可看出，每层每户设有浴缸、坐便器、水池等用水设备。给水管径分别为 $DN32$、$DN25$、$DN20$，排水管径分别为 $DN100$、$DN50$。除引入管外，室内给水管均以明管方式安装。图 3-15 中还表明了阀门的位置（图中未注明尺寸的部位可按比例测量）。

系统图分为给水系统和排水系统两大部分，它是用轴测投影的方法来表示给水排水管道系统的上、下层之间，前后、左右之间的空间关系的。在系统图中，除注有各管径尺寸及主管编号外，还注有管道的标高和坡度。识图时必须将平面图和系统图结合起来看，互相对照阅读，才能了解整个排水系统的全貌。

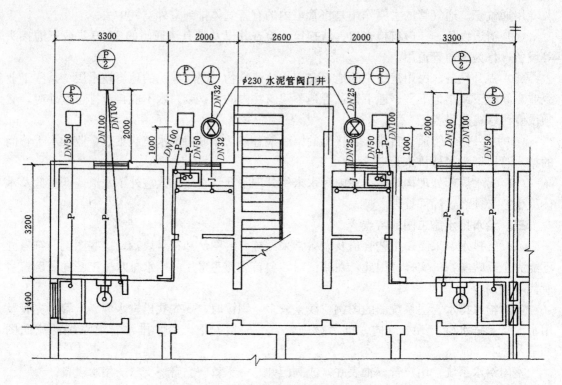

图 3-15 某单元住宅底层给水排水平面图

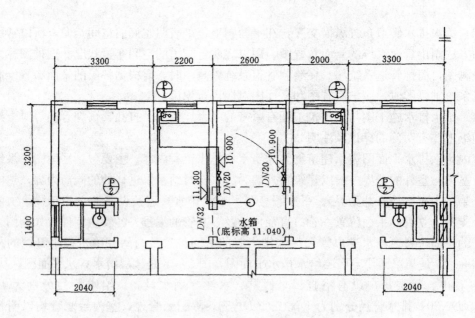

图 3-16 某单元住宅楼层给水排水平面图

图 3-17 是某单元住宅的给水系统图。阅读时,可以从进户管开始,沿水流方向经干管、支管到用水设备。图中的进户管管径分别为 DN32 和 DN25,室外管道的管中心标高为-0.65m,进入室内返高至-0.30m,住立管上各层均距楼地面 900m 引出水平支管通至用

34

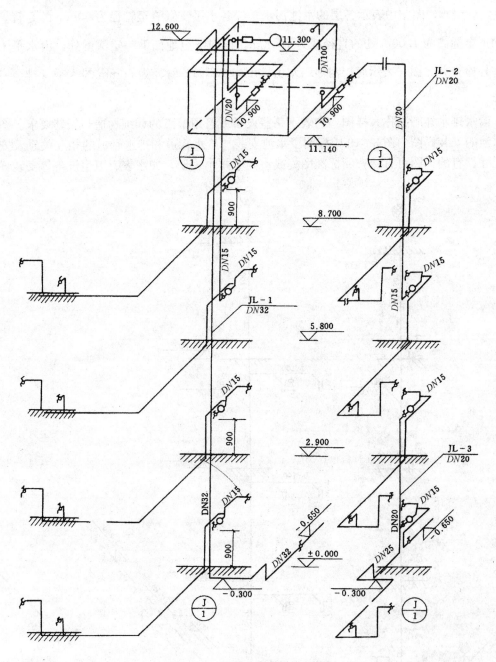

图 3-17 某单元住宅给水系统图

水设备。从图 3-3 中还可以看出，一、二层由室外管网供水，三、四层由屋顶水箱供水。

图 3-18 是某单元住宅的排水系统图。阅读时可由排水设备开始，沿水流方向经支管、立管、干管到总排出管。从图 $\frac{P}{2}$ 中可知，各层的坐便器和浴池的污水是经各水平支管流到管径为 100mm 的立管，再由水平排污管排到室外的检查井。当水平管穿过外墙锂，其管底标

高为-0.65m，图$\frac{P}{1}$中表示各层的水池污水是经各水平支管流至管径为50mm的立管，该立管向下至标高为1.00m处的直径变为100mm，再向下至地面下一定深度处，由水平干管排至室外检查井。图$\frac{P}{3}$表示底层浴池污水由坡度为2.5%、管径为50mm的水平管排至室外检查井。

给水排水详图又称大样图，它表示某些设备或管道节点的详细构造与安装要求。图3-5是水池的安装详图，图3-19中标明了水池安装与给水管道和排水管道的相互关系及安装控制尺寸。有的详图可直接查阅标准图集或室内给排水手册，如水表、卫生设备等安装详图。

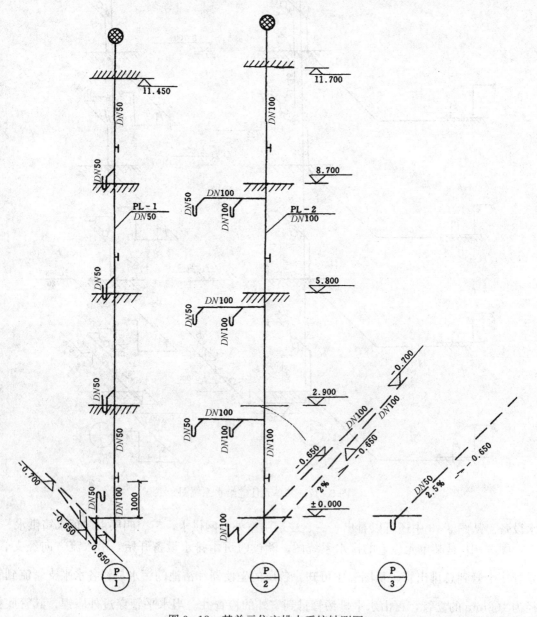

图 3-18　某单元住宅排水系统轴测图

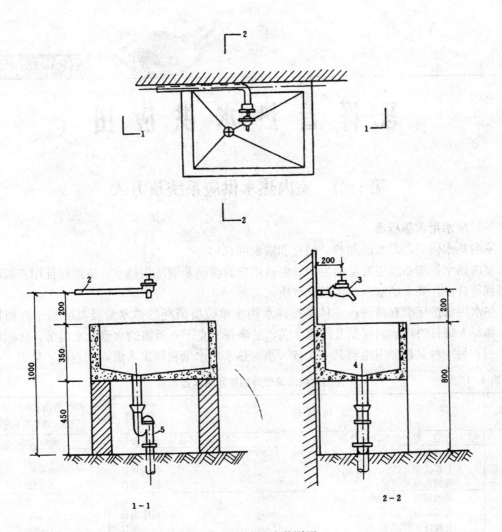

1－1

2－2

图 3－19　水池安装详图

怎样看热水供应图

第一节　室内热水供应系统及方式

一、热水用水量标准

室内热水供应，是水的加热、储存和输配的总称。

室内热水供应系统主要供给生产、生活用户的洗涤及盥洗用热水，应能保证用户随时可以得到符合设计要求的水量、水温和水质。

热水用水量标准有两种：一种是按热水用水单位所消耗的热水量及其所需水温而制定的，如每人每日的热水消耗量及所需水温，洗涤每千克干衣所需的水量及水温等，此标准见表 4-1；另一种是按照卫生器具一次或一小时热水用水量和所需水温而制定的，见表 4-2。

表 4-1　　　　　　　　　按热水用水单位计的热水用水量标准

序号	建筑物名称	单位	65℃的用水量标准（L/最高日）
1	住宅、每户设有沐浴设备	每人每日	90～120
2	集体宿舍		
	有盥洗室	每人每日	25～35
	有盥洗室和浴室	每人每日	35～50
3	普通旅馆、招待所		
	有盥洗室	每床每日	25～50
	有盥洗室和浴室	每床每日	60～100
	设有浴盆的客房	每床每日	120～150
4	宾馆	每床每日	150～200
5	医院、疗养院、休养所		
	有盥洗室	每病床每日	30～60
	有盥洗室和浴室	每病床每日	60～120
	设有浴盆的病房	每病床每日	150～200
6	门诊部、诊疗所	每病人每次	5～8
7	公共浴室、设有淋浴器、浴盆浴池及理发室	每顾客每次	50～100
8	理发室	每顾客每次	5～12
9	洗衣房	每公斤干衣	15～25
10	公共食堂		
	营业食堂	每顾客每次	4～6
	工业企业、机关、学校、居民食堂	每顾客每次	3～5
11	幼儿园、托儿所		
	有住宿	每儿童每日	15～30
	无住宿	每儿童每日	8～15
12	体育场、运动员淋浴	每人每次	25

注　表中所列用水量均已包括在给水用水量标准中。

表 4-2 卫生器具一次和一小时热水用水量和水温

序号	卫生器具名称	用水量 （L/次）	用水量 （L/h）	水温 （℃）
1	住宅、旅馆			
	带有淋浴器的浴盆	150	300	40
	无淋浴器的浴盆	125	250	40
	淋浴器	70～100	140～200	37～40
	洗脸盆、盥洗槽水龙头	3	30	30
	洗涤盆（池）	—	180	60
2	集体宿舍			
	淋浴器：有淋浴小间	70～100	210～300	37～40
	无淋浴小间	—	450	37～40
	盥洗槽水龙头	3～5	50～80	30
3	公共食堂			
	洗涤盆（池）	—	250	60
	洗脸盆：工作人员用	3	60	30
	顾客用	—	120	30
	淋浴器	40	400	37～40
4	幼儿园、托儿所			
	浴盆：幼儿园	100	400	35
	托儿所	30	120	35
	淋浴器：幼儿园	30	180	35
	托儿所	15	90	35
	盥洗槽水龙头	1.5	25	30
	洗涤盆（池）		180	60
5	医院、疗养院、休养所			
	洗手盆	—	15～25	35
	洗涤盆（池）	—	300	60
	浴　盆	125～150	250～300	40
6	公共浴室			
	浴　盆	125	250	40
	淋浴器：有淋浴小间	100～150	200～300	37～40
	无淋浴小间	—	450～540	37～40
	洗脸盆	5	50～80	35
7	理发室：洗脸盆	—	35	35
8	实验室			
	洗涤盆	—	60	60
	洗手盆	—	15～25	30
9	剧　院			
	淋浴器	60	200～400	37～40
	演员用洗脸盆	5	80	35
10	体育场：淋浴器	30	300	35

序号	卫生器具名称	用水量 （L/次）	用水量 （L/h）	水温 （℃）
11	工业企业生活间、淋浴器			
	一般车间	40	180～480	37～40
	脏车间	60	360～540	40
	洗脸盆或盥洗槽水龙头			
	一般车间	3	90～120	30
	脏车间	5	100～150	35
12	妇女卫生盆			

注 一般车间指现行的《工业企业设计卫生标准》中规定的3、4级卫生特征的车间，脏车间指该标准中规定的1、2级卫生特征的车间。

二、热水供应系统

比较完整的热水供应系统，通常由下列几部分组成：加热设备——锅炉、炉灶、太阳能热水器、各种热交换器等；热媒管网——蒸汽管或过热水管，凝结水管等；热水储存水箱——开式水箱或密闭水箱，热水储水箱可单独设置也可与加热设备合并，热水输配水管网与循环管网；其他设备和附件——循环水泵，各种器材和仪表，管道伸缩器等。

室内热水供应系统的选择和组成主要根据建筑物用途，热源情况，热水用水量大小，用户对水质、水温及环境的要求等而定。

生活所用热水的水温一般为25～60℃，考虑到水加热器到配水点系统中不可避免的热损失，水加热器的出水温度一般不高于75℃，但亦不应过低。水温过高，则管道容易结垢，也易发生人体烫伤事故；水温过低则不经济。

生产用热水的用水量标准及水温，应按照各种生产工艺要求来确定。

热水供应水质的要求：生产用热水应按生产工艺的不同要求制定；生活用热水水质，除应符合国家现行的《生活饮用水水质标准》要求外，冷水的碳酸盐硬度不宜超过5.4～7.2mg/L，以减少管道和设备结垢，提高系统热效率。

室内热水供应系统按照其供应范围的大小，可分为局部、集中及区域性热水供应系统。

局部热水供应系统的加热设备，一般设置在卫生用具的附近或单个房间内。冷水是在厨房炉灶、热水炉、煤气加热器、小型电加热器及小型太阳能热水器等设备中加热，只供给单个或几个配水点使用。

集中热水供应系统是供给用水量较大，层数较多的一幢或几幢建筑物所需要的热水。这种系统中的热水是由设置于建筑物内部或附近的锅炉房中的锅炉或热交换器加热的，并用管道输送到一幢建筑物或几幢建筑物内供用户使用。例如医院、旅馆、集体宿舍、宾馆及饭店等建筑常设置集中热水供应系统。

区域性热水供应系统一般是在城市或工业区有室外热力网的条件下采用的一种系统，每幢使用热水的建筑物可直接从热网取用热水或取用热媒使水加热。

上述三种类型的热水供应系统，以区域性热水供应系统热效率最高，因此，如条件允许，应该优先采用区域性热水供应系统。此外，如有余热或废热可以利用，则应尽可能利用余热或废热来加热水，以供用户使用。

三、热水供应的系统方式

系统方式是指由工程实践总结出来的多种布置方案。只有掌握了热水系统各种方式的优缺点及适用条件，才能根据建筑物对热水供应的要求及热源情况选定合适的系统。

依据热水供应范围的不同，系统方式可以分为下述几种：

1. 局部热水供应系统

图 4-1（a）是利用炉灶炉膛余热加热水的供应方式。这种方式适用于单户或单个房间（如卫生所的手术室）需用热水的建筑。它的基本组成有加热套筒或盘管、储水箱及配水管等三部分。选用这种方式要求卫生间尽量靠近设有炉灶的房间（如设有炉灶的厨房、开水间等），方可使装置及管道紧凑、热效率高。

图 4-1（b）、（c）为小型单管快速加热和汽水直接混合加热的方式。在室外有蒸汽管道、室内仅有少量卫生器具使用热水量，可以选用这种方式。小型单管快速加热用的蒸汽可利用高压蒸汽，亦可利用低压蒸汽。采用高压蒸汽时，蒸汽的表压不得超过 0.25MPa，以避免发生意外的烫伤人体的事故。混合加热一定要使用低于 0.07MPa 的低压锅炉。这两种局部热水系统的缺点是调节水温困难。

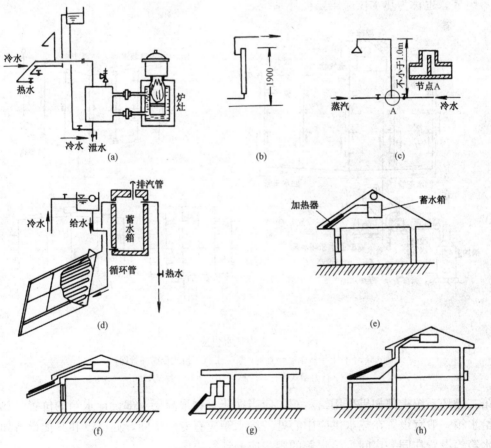

图 4-1　局部热水供应方式

（a）炉灶加热；（b）小型单管快速加热；（c）汽—水直接混合加热；（d）管式太阳能热水装置；（e）管式加热器在屋顶；（f）管式加热器充当窗户遮篷；
（g）管式加热器在地面上；（h）管式加热器在单层屋顶上

图 4-1（d）为管式太阳能热水器的热水供应方式。它是利用太阳照向地球表面的辐射热，将保温箱内盘管（或排管）中的低温水加热后送到贮水箱（罐）以供使用。这是一种节约燃料、不污染环境的热水供应方式。在冬季日照时间短或阴雨天气时效果较差，需要备有其他热源和设备使水加热。太阳能热水器的管式加热器和热水箱可分别设置在屋顶上或屋顶下，亦可设在地面上〔见图 4-1（e）～（h）〕。

2. 集中热水供应系统

图 4-2 为几种集中热水供应方式，其中图 4-2（a）为干管下行上给式全循环管网方式。其工作原理为：锅炉生产的蒸汽，经蒸汽管送到水加热器中的盘管（或排管）把冷水加热，从加热器上部引出配水干管把热水输配到用水点。为了保证热水温度而设置热水循环干管和立管。在循环干管（亦称回水管）末端用循环水泵把循环水引回水加热器继续加热，排管中的蒸汽凝结水经凝结水管排至凝结水池。凝结水池中的凝结水用凝结水泵再送至锅炉继续加热使用。有时为了保证系统正常运行和压力稳定，而在系统上部设置给水箱。这时，管网的透气管可以接到水箱上。这种方式一般分为两部分：一部分是由锅炉、水加热器、凝结水泵及热媒管道等组成的，也称热水供应第一循环系统；输送热水部分是由配水管道和循环管道等组成，也称为热水供应第二循环系统。

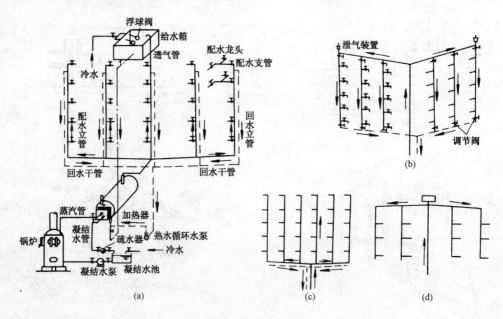

图 4-2 集中热水供应方式
(a) 下行上给式全循环管网；(b) 上行下给式全循环管网；
(c) 下行上给式半循环管网；(d) 上行下给式管网

第二循环系统上部如果采用给水箱，应当在建筑物最高层上部设计水箱的位置。热水系统的给水箱一般宜设置在热水供应中心处。给水箱应有专门房间，亦可以和其他设备如供暖膨胀水箱等设置在同一房间。给水箱的容积应经计算决定。

第一循环系统的锅炉和加热器在有条件时，最好放在供暖锅炉房内，以便集中管理。

图 4-2（b）为干管上行下给式全循环管网方式，这种方式一般适用在五层以上，并且对热水温度的稳定性要求较高的建筑。这种系统因配水管、回水管高差大，往往可以不设循

环水泵而能自然循环（必须经过水力计算）。采用这种方式的缺点是维护和检修管道不便。

图4-2（c）为干管下行上给式半循环管网方式，适用于对水温的稳定性要求不高的五层以下的建筑物，这种方式下行上给式全循环方式节省管材。

图4-2（d）为不设循环管道的上行式管网方式，适用于浴室、生产车间等建筑物内。这种方式的优点是节省管材；缺点是每次供应热水前，需要排泄掉管中冷水。

除上述几种方式以外，在定时供应热水系统中，也有采用不设循环管的干管下行上给管网方式。

上述集中热水供应方式中均为热媒与被加热水不直接混合。在条件允许时，亦可采用热媒与被加热水直接混合或热源直接传热加热冷水，如图4-3所示。

图4-3（a）、（b）为热水锅炉将水加热；（c）、（d）、（e）是用蒸汽和冷水混合加热，加热水箱兼起贮水作用。被用来和冷水混合加热的蒸汽，不得含有杂质、油质及对人体皮肤有害的物质。这种加热方式的优点是迅速、设备容积小；缺点是噪声大，凝结水不能回收，适用于有蒸汽供应的生产车间的生活间或独立的公共浴室。

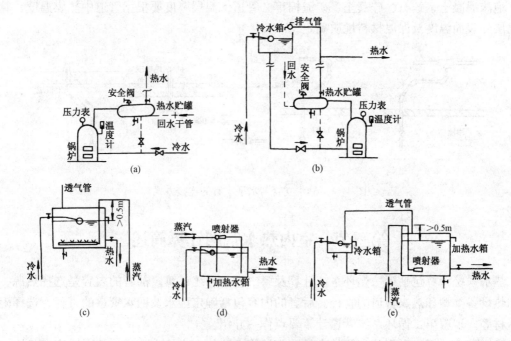

图4-3　热源或热媒直接加热冷水方式

（a）热水锅炉配贮水罐；（b）冷水箱、热水锅炉配贮水罐；（c）多孔管蒸汽加热；
（d）蒸汽喷射器加热（装在箱外）；（e）蒸汽喷射器加热（装在箱内）

第二节　室内热水管网布置及敷设

热水管网的布置与给水管网布置原则基本相同，一般多为明装，暗装不得埋于地面下，多敷设于地沟内、地下室顶部、建筑物最高层的顶板下或顶棚内、管道设备层内。设于地沟内的热水管应尽量与其他管道同沟敷设，地沟断面尺寸要与同沟敷设的管道统一考虑后确定。热水立管明装时，一般布置于卫生间内，暗装一般都设于管道井内。管道穿过墙和楼板时应设套管。穿过卫生间楼板的套管应高出室内地面5~10cm，以避免地面的积水从套管渗入下层。配水立管始端与回水立管末端以及多于五个配水龙头的支管始端，均应设置阀门，以便于调节和检修。为了防止热水倒流或窜流，水加热器或热水罐上、机械循环的回水管上、直接加热混合器的冷、热水供水管上，都应装设止回阀。所有热水横管均应有不小于0.003的坡度，便于排气和泄水。为了避免热胀冷缩对管件或管道接头的破坏作用，热水干管应考虑自然补偿管道或装设足够的管道补偿器。在上行式配水干管的最高点应根据系统的要求设置排气装置，如自动放气阀、集气罐、排气管或膨胀水箱。管网系统最低点还应设置口径为$(\frac{1}{10}\sim\frac{1}{5})d$的泄水阀式丝堵，以便检修时排泄系统的积水。

下行式回水立管的起端，应装在立管最高点以下0.5m处，以使热水中析出的气体不至于被循环水带回加热器或锅炉中。立管与水平干管的连接方法如图4-4所示，这样可以消除管道受热伸长时的各种影响。

热水配水干管、贮水罐、水加热器一般均须保温，以减少热量损失。保温材料有石棉灰、泡沫混凝土、蛭石、硅藻土、矿渣棉等。管道保温层厚度要根据管道中热媒温度、管道保温层外表面温度及保温材料性质确定。

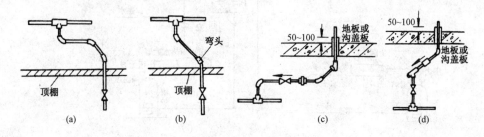

图4-4 热水立管与水平干管的连接方式

第三节 室内热水管网计算简述

热水系统计算包括第一循环系统计算及第二循环系统计算。前者的内容是选择热源、确定加热设备类型和热媒管道的管径。后者的内容包括确定配水及回水管道的直径、选择附件和器材等。现就第二循环系统管道计算要点作一介绍。

确定配水干管、立管及支管的直径，其计算方法与室内给水管道计算方法完全相同。仅在选择卫生器具给水额定流量时，应当选择一个阀开的配水龙头，使用热水管网水力计算表计算管道沿程水头损失。热水管中流速不宜大于1.2m/s。

循环管道的直径，一般可按照对应的配水管管径小一号来确定。

第四节 开 水 供 应

一、饮用开水量标准

室内饮用水供应包括开水、凉开水和凉水供应三类。饮用开水量标准一般按用水单位制定（参见表4-3）。开水水温通常近100℃考虑，其水质也应符合国家现行的《生活饮用水水质标准》的要求。

表 4-3　　　　　　　　　　　饮用开水量标准及小时变化系数

建筑物名称	单　位	饮用开水量标准 （L）	小时变化系数 k
热车间	每人每班	3～5	1.5
一般车间	每人每班	2～4	1.5
工厂生活间	每人每班	1～2	1.5
办公楼	每人每班	1～2	1.5
集体宿舍	每人每日	1～2	1.5
教学楼	每学生每日	1～2	2.0
医　院	每病床每日	2～3	1.5
影剧院	每观众每场	0.2	1.0
招待所，旅馆	每客人每日	2～3	1.5
体育馆	每观众每日	0.2	1.0

注　小时变化系数系指开水供应时间内的变化系数。

根据热源的具体情况，开水供应的开水系统有分散制备和集中制备两种方式。在办公楼、旅馆等建筑内常采用分散制备方式，工厂车间多采用集中制备方式。

二、开水制备

图 4-5 是利用蒸汽和冷水直接混合制备开水，采用这种设备一定要保证蒸汽质量与水混合后符合饮用水卫生要求。

图 4-6～图 4-8 为间接制备开水的方法。

图 4-6 是开水器设在楼层间的方式。适用于设有集中锅炉房的机关、学校、工厂等建筑物。优点是使用方便，维护管理简单。

图 4-7 及图 4-8 适用于大型饮水站，兼备凉开水。

制备饮用冷水一定要保证冷水符合卫生标准，主要措施是过滤和消毒。饮用冷水多用在公共集会场所如体育馆、车站、大剧院等建筑物。

图 4-9 为常用的一种砂滤棒过滤器，起截留微细悬浮体作用。图 4-10 为紫外线消毒饮水系统。

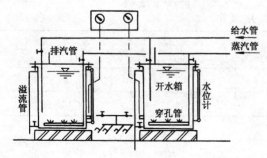

图 4-5　蒸汽与冷水混合制备开水

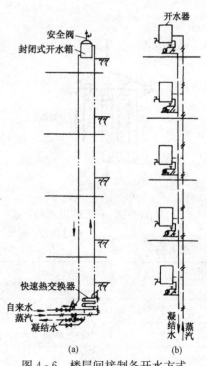

图 4-6　楼层间接制备开水方式

（a）底层集中制备开水；

（b）每层分散设开水器

45

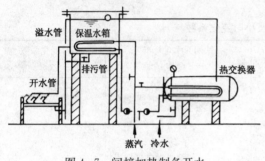

图 4 - 7　间接加热制备开水

过滤和消毒后的冷水，通过饮水器供人们饮用。

开水供应设备应装设在使用方便，不受污染及易于检修的地方。

开水锅炉或开水器均应装设溢水管（d 不小于 25mm），泄水管（d 不小于 15mm），通气管（d 不小于 32mm）。这些管道末端出口不得与排水管道直接连接，以保持卫生。蒸汽连续式开水炉的结构尺寸如表 4 - 4 所示。

开水管道一般采用明装，并应保温。管道常用镀锌钢管，零件及配件应采用镀锌、镀铬或铜制材料，以防铁锈污染水质。

开水供应的计算主要是确定饮用水总量、设计小时耗热量和设计秒流量，据此选择开水器、贮水器、开水炉设备容积和能力以及选定管径。

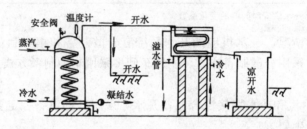

图 4 - 8　间接制备开水同时供应凉开水

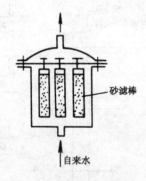

图 4 - 9　砂滤棒过滤器

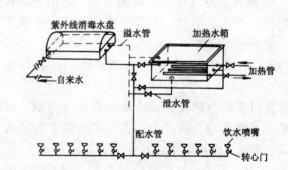

图 4 - 10　紫外线消毒饮水系统

表 4 - 4　　　　　　　　　　　　　　　蒸汽连续式开水炉

型　号	容　积 (L)	直　径 (mm)	高　度 (mm)	开水量 (L/h)
Ⅰ	45	400	852	80
Ⅱ	74	500	926	127
Ⅲ	112	600	1008	210
Ⅳ	118	600	1040	245

第五节　高层建筑热水供应系统的特点

高层建筑的热水供应系统与给水系统同样，应做竖向分区，其分区的原则、方法和要求与给水系统相同。

由于高层建筑使用热水要求标准较高，管路又长，因此宜设置机械循环热水供应系统。

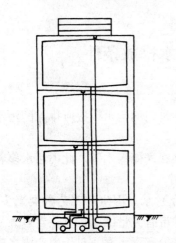

图 4-11　集中加热热水供应方式

一、集中加热热水供应方式

如图 4-11 所示，各区热水管网自成独立系统，其容积式水加热器集中设置在建筑物的底层或地下室，水加热器的冷水供应来自各区给水水箱，这样可使卫生器具的冷热水水龙头出水均衡。此种方式的管网图式多采用上行下给方式。

集中加热热水供应方式的优点是设备集中，管理维护方便；其缺点是高区的水加热器承受压力大，因此，此种方式适用于建筑高度在 100m 以内的建筑。

二、分散加热热水供应方式

如图 4-12 所示，容积式水加热器和循环水泵分别设置在各区技术层，根据建筑物的具体情况，容积式水加热器可放在本区管网的上部或下部。此种方式的优点是容积式水加热器承压小，制造要求低，造价低；其缺点是设备设置分散，管理维修不便，热媒管道长。此种方式适用于建筑高度在 100m 以上的高层建筑。

高层建筑底层的洗衣房、厨房等大用水量设备，由于工作制度与客房有差异，应设单独的热水供应系统供水，以便维护管理。

高层建筑热水供应系统管网的水力计算方法、设备选择、管网布置与低层建筑的热水供应系统相同。

除此之外，对于一般单元式高层住宅、公寓及一些高层建筑物内部局部需用热水的用水场所，可使用局部热水供应系统，即用小型煤气加热器、蒸汽加热器、电加热器、炉灶、太阳能加热器等，供给单个厨房、卫生间等用热水。局部热水供应系统具有系统简单、维护管理容易、灵活、改建容易等特点。

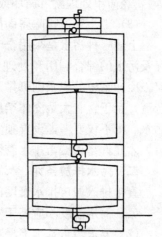

图 4-12　分散加热热水供应方式

第五章

怎样看室内排水图

第一节　室内排水系统的分类和污水排放条件

一、室内排水系统的分类

室内排水系统的任务是排除居住建筑、公共建筑和生产建筑内的污水。按所排除的污水性质，室内排水系统可分为：

（1）生活污水管道排除人们日常生活中所产生的洗涤污水和粪便污水等。此类污水多含有机物及细菌。

（2）生产污（废）水管道排除生产过程中所产生的污（废）水。因生产工艺种类繁多，所以生产污水的成分很复杂。有些生产污水被有机物污染，并带有大量细菌；有些含有大量固体杂质或油脂；有些含有强的酸性、碱性；有些含有氰、铬等有毒元素。对于生产废水中仅含少量无机杂质而不含有毒物质，或是仅升高了水温的（如一般冷却用水、空调制冷用水等），经简单处理就可循环或重复使用。

（3）雨水管道排除屋面雨水和融化的雪水。

上述三种污水是采用合流制还是分流制排除，要视污水的性质、室外排水系统的设置情况及污水的综合利用和处理情况而定。一般来说，生活粪便污水管道不与室内雨水管道合流，冷却系统的废水则可排入室内雨水道；被有机杂质污染的生产污水，可与生活粪便污水合流；至于含有大量固体杂质的污水、浓度较大的酸性污水和碱性污水及含有毒物或油脂的污水，则不仅要考虑设置独立的排水系统，而且要经局部处理达到国家规定的污水排放标准后，才允许排入城市排水管网。

二、污水排放条件

直接排入城市排水管网的污水，应注意下列几点：

（1）污水温度不应高于40℃，因为水温过高会引起管子接头破坏造成漏水；

（2）要求污水基本上呈现中性（pH值为6～9）。浓度过高的酸碱污水排入城市下水道不仅对管道有侵蚀作用，而且会影响污水的进一步处理；

（3）污水中不应含有大量的固体杂质，以免在管道中沉淀而阻塞管道；

（4）污水中不允许含有大量汽油或油脂等易燃液体，以免在管道中产生易燃、爆炸和有毒气体；

（5）污水中不能含有毒物，以免伤害管道养护工作人员和影响污水的利用、处理和排放；

（6）对伤寒、痢疾、炭疽、结核、肝炎等病原体，必须严格消毒灭除；对含有放射性物质的污水，应严格按照国家有关规定执行，以免危害农作物、污染环境和危害人民身体健康；

（7）排入水体的污水应符合《工业企业设计卫生标准》的要求，利用污水进行农田灌溉时，亦应符合有关部门颁布的污水灌溉农田卫生管理的要求。

第二节　室内排水系统的组成

室内排水系统一般由卫生器具、排水横支管、立管、排出管、通气管、清通设备及某些特殊设备等组成，如图 5-1 所示。

1. 卫生器具（或生产设备）

卫生器具是室内排水系统的起点，接纳各种污水后排入管网系统。污水从器具排出口经过存水弯和器具排水管流入横支管。

2. 横支管

横支管的作用是把从各卫生器具排水管流来的污水排至立管。横支管应具有一定的坡度。

3. 立管

立管接受各横支管流来的污水，然后再排至排出管。为了保证污水畅通，立管管径不得小于 50mm，也不应小于任何一根接入的横支管的管径。

4. 排出管

排出管是室内排水立管与室外排水检查井之间的连接管段，它接受一根或几根立管流来的污水并排至室外排水管网。排出管的管

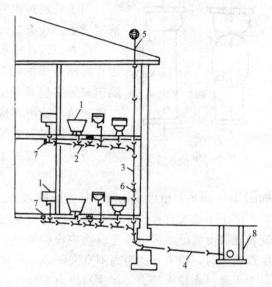

图 5-1　室内排水系统

1—卫生器具；2—横支管；3—立管；4—排出管；
5—通气管；6—检查口；7—清扫口；8—检查井

径不得小于与其连接的最大立管的管径，连接几根立管的排出管，其管径应由水力计算确定。

5. 通气管系

通气管的作用是：

（1）使污水在室内外排水管道中产生的臭气及有毒害的气体能排到大气中去；

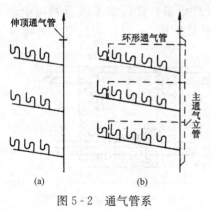

图 5-2　通气管系

（2）使管系内的污水排放时的压力变化尽量稳定并接近大气压力，因而可保护卫生器具存水弯内的存水不致因压力波动而被抽吸（负压时）或喷溅（正压时）。

对于层数不多的建筑，在排水横支管不长、卫生器具数不多的情况下，采取将排水立管上部延伸出屋顶的通气措施即可，见图 5-2 （a）。排水立管上延部分称为通气管。一般建筑物内的排水管道均设通气管，仅设一个卫生器具或虽接有几个卫生器具但共用一个存水弯的排水管道，以及建筑物内底层污水单独排除的排水管道，可不设通气管。

49

对于层数较多及高层建筑，由于立管较长而且卫生器具设置数量较多，可能同时排水的机会多，更易使管道内压力产生波动而将器具水封破坏，所以在多层及高层建筑中，除了伸顶通气管外，还应设环形通气管或主通气立管等，其简图如图 5-2（b）所示（详图参阅图 5-19 和图 5-20）。

通气管的管径一般与排水立管管径相同或小一级，但在最冷月平均气温低于−2℃的地区和没有采暖的房间内，从顶棚以下 0.15～0.2m 起，其管径应较立管管径大 50mm，以免管中因结冰霜而缩小或阻塞管道断面。

6. 清通设备

为了疏通排水管道，在室内排水系统中，一般均需设置三种清通设备：检查口、清扫口、检查井。

检查口设在排水立管及较长的水平管段上，图 5-3 所示为一带有螺栓盖板的短管，清通时将盖板打开。其装设规定为立管上除建筑最高层及最低层必须设置外，可每隔二层设置一个；若为二层建筑，就可在底层设置。检查口的设置高度一般距地面 1m，并应高于该层卫生器具上边缘 0.15m。

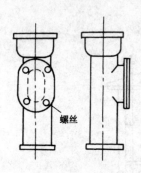

图 5-3　检查口

当悬吊在楼板下面的污水横管上有两个及两个以上的大便器或三个及三个以上的卫生器具时，应在横管的起端设置清扫口，如图 5-4 所示。也可采用带螺栓盖板的弯头、带堵头的三通配件作清扫口。

对于不散发有害气体或大量蒸汽的工业废水的排水管道，在管道转弯、变径处和坡度改变及连接支管处，可以在建筑物内设检查井，其构造如图 5-5 所示。在直线管段上，排除生产废水时，检查井的距离不宜大于 30m；排除生产污水时，检查井的距离不宜大于 20m。对于生活污水排水管道，在建筑物内不宜设检查井。

7. 特殊设备

（1）污水抽升设备

在工业与民用建筑的地下室、人防地道和地下铁道等地下建筑物中，卫生器具的污水不能自流排至室外排水管道时，需设水泵和集水池等局部抽升设备，将污水抽送到室外排水管道中去，以保证生产的正常进行和保护环境卫生。

（2）污水局部处理设备

当个别建筑内排出的污水不允许直接排入室外排水管道时（如呈强酸性、强碱性，含多量汽油、油脂或大量杂质的污水），则要设置污水局部处理设备，使污水水质得到初步改善后再排入室外排水管道。此外，当没有室外排水管

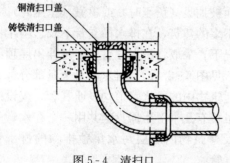

图 5-4　清扫口

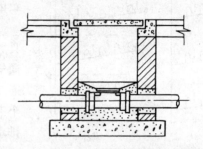

图 5-5　室内检查井

网或有室外排水管网但没有污水处理厂时，室内污水也必须经过局部处理后才能排入附近水体、渗入地下或排入室外排水管网。根据污水性质的不同，可以采用不同的污水局部处理设备，如沉淀池、除油池、化粪池、中和池及其他含毒污水的局部处理设备。在此，仅着重介绍一下化粪池。

化粪池的主要作用是使粪便沉淀并发酵腐化，污水在上部停留一定的时间后排走，沉淀在池底的粪便污泥经消化后定期清掏。尽管化粪池处理污水的程度很不完善，所排出的污水仍具有恶臭，但是在目前我国多数城镇还没有污水处理厂的情况下，化粪池的使用还是比较广泛的。

化粪池可采用砖、石或钢筋混凝土等材料砌筑，其中最常用的是砖砌化粪池。

化粪池的形式有圆形的和矩形的两种，通常多采用矩形化粪池。为了改善处理条件，较大的化粪池往往用带孔的间壁分为 2～3 隔间，如图 5-6 所示。

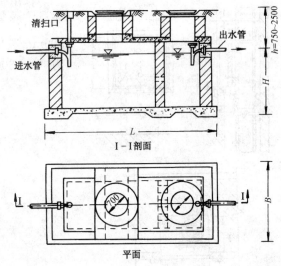

图 5-6　化粪池

化粪池多设置在庭院内建筑物背面靠近卫生间的地方，因在清理掏粪时不卫生、有臭气，不宜设在人们经常停留活动之处。化粪池池壁距建筑物外墙不宜小于 5m，如受条件限制，也可酌情减少，但不得影响建筑物基础。化粪池距离地下水取水构筑物不得小于 30m。池壁、池底应防止渗漏。

第三节　室内排水管网的布置和敷设

横支管的敷设位置，在底层时，可以埋设在地下；在楼层时，可以沿墙明装在地板上或悬吊在楼板下。当建筑有较高要求时，可采用暗装，将管道敷设在吊顶内，但必须考虑安装和检修的方便。

架空或悬吊横管不得布置在遇水后会引起损坏的原料、产品和设备的上方，不得布置在卧室内及厨房炉灶上方或布置在食品及贵重物品储藏室、变配电室、通风小室及空气处理室内，以保证安全和卫生。

横管不得穿越沉降缝、烟道、风道，并应避免穿越伸缩缝；必须穿越伸缩缝时，应采取相应的技术措施，如装伸缩接头等。

横支管不宜过长，以免落差过大，一般不得超过 10m 并应尽量少转弯，以避免阻塞。

污水立管宜靠近最脏、杂质最多、排水量最大的排水点处设置，例如尽量靠近大便器。立管应避免穿越卧室、办公室和其他对卫生、环境噪声要求较高的房间。生活污水立管应避免靠近与卧室相邻的内墙。

立管一般布置在墙角明装，无冰冻危害地区亦可布置在墙外。当对建筑有较高要求时，可在管槽或管井内暗装。暗装时需考虑检修的方便，在检查口处设检修门，如图 5-7 所示。

排出管可埋在底层地下或悬吊在地下室的顶板下面。排出管的长度取决于室外排水检查井的位置。检查井的中心距建筑物外墙面一般为 2.5～3m，不宜大于 10m。

排出管与立管宜采用两个 45°弯头连接，见图 5-8。排出管穿越承重墙的基础时，应防止建筑物下沉压破管道，具体的措施同给水管道。

排出管在穿越基础时，应预留孔洞，其大小为：当排出管直径 d 为 50、75、100mm 时，孔洞尺寸为 300mm×300mm；当管径 d 大于 100mm 时，孔洞高为 $(d+300)$ mm，宽为 $(d+200)$ mm。

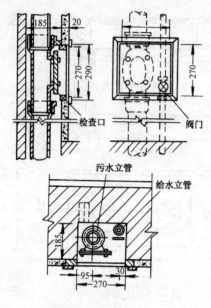

图 5-7　管道检修门

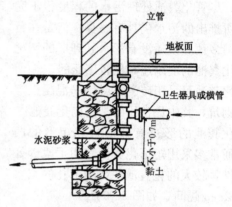

图 5-8　排出管与立管的连接

为防止管道受机械损坏，在一般的厂房内排水管的最小埋深应按表 5-1 确定。

表 5-1　　　　　　　　　　生产厂房内排水管最小覆土深度

管　材	地面至管顶的距离（m）	
	素土夯实、碎石、砾石、砖地面	水泥、混凝土地面
排水铸铁管	0.7	0.4
混凝土管	0.7	0.5
带釉陶土管	1.0	0.6

注　工业企业生活间和其他不可能受机械损坏的房间内，管道的埋设深度可减到 0.10m。

通气管高出屋面不得小于 0.30m，而且必须大于最大积雪厚度，以防止积雪覆盖通气口。对于平屋顶屋面，若有人经常逗留活动，则通气管应高出屋面 2.0m，并应根据防雷要求考虑设置防雷装置。在通气管出口 4m 以内有门窗时，通气管应高出门窗顶 0.6m 或引向无门窗的一侧。通气管出口不宜设在建筑物的挑出部分（如屋檐口、阳台、雨篷等）的下面，以免影响周围空气卫生。

通气管不得与建筑物的风道或烟道连接。通气管的顶端应装设网罩或风帽。通气管与屋面交接处应防止漏水。

第四节　庭　院　排　水　系　统

庭院排水系统是室内污水排水管道与城市排水管道的连接部分。庭院排水系统的范围可以很小，如城市街道旁建筑物的室外排水管道；亦可以很大，如若干栋建筑物组成的建筑群内的排水管网。

　　庭院排水系统的管道布置，通常根据建筑群的平面布置、房屋排出管的位置、地形和城市排水管位置等条件综合统一考虑。定线时应特别注意建筑物的扩建发展情况，以免日后改拆管道，造成施工及管理上的返工浪费。庭院排水管道的定线如图 5-9 所示，如按新建房屋及城市排水管道的位置，庭院排水管道可设计成 1—2—3—4—5—6—K_1 的线路，但考虑日后尚有一栋建筑拟修建，因此应改线设计成 1—2—3—4—5—6—7—8—9—10—K_2。

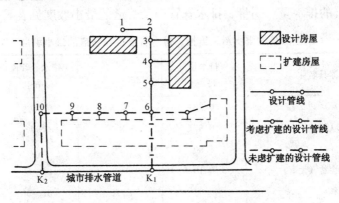

图 5-9　庭院排水管道定线

　　庭院排水管道通常埋设在屋内设有卫生间、厨房的一侧，以减少房屋排出管的长度。庭院排水管道宜沿建筑物平行敷设，在与房屋排出管交接处应设排水检查井。管道或排水检查井中心至建筑物外墙面的距离不宜少于 0.5~3m。

　　庭院排水管道应以最小埋深敷设，以利减少城市排水管的埋设深度。影响室外排水管道埋深的因素有三个：① 房屋排出管的埋深；② 土壤冰冻的深度；③ 管顶所受动荷载的情况。一般应尽量将室外排水管道埋设在绿化草地或其上不通行车辆的地段。在我国南方地区，若管道埋设处无车辆通行，则管顶覆土厚度为 0.3m 即可；有车辆通行时，管顶至少要有 0.7m 的覆土厚度；在北方地区，则应受当地冰冻深度控制。

　　庭院排水管道多采用陶土管或水泥管，用水泥砂浆接头，最小管径采用 150mm。

　　在排水管道交接处，管径、管坡及管道方向改变处均需设置排水检查井，在较长的直线管段上，亦需设置排水检查井，检查井的间距约为 40m。排水检查井一般都采用砖砌，钢筋混凝土井盖，如图 5-10 所示。

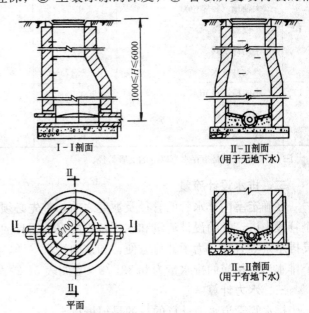

图 5-10　室外排水检查井

第五节　室内排水管道的计算

一、排水量标准

每人每日排出的生活污水量和用水量一样，是与气候、建筑物卫生设备的完善程度以及生活习惯等因素有关的。生活污水排水量标准和时间变化系数，一般采用生活用水量标准和时间变化系数。生产污（废）水排水量标准和时间变化系数应按工艺要求确定。

各种卫生器具的排水量、当量、排水管管径及管道的最小坡度见表 5-2。

表 5-2　　　　　卫生器具的排水量、当量、排水管管径和管道的最小坡度

序号	卫生器具名称	排水量 (L/s)	当 量	排水管管径 (mm)	管道的最小坡度
1	污水盆（池）	0.33	1.0	50	0.025
2	单格洗涤盆（池）	0.67	2.0	50	0.025
3	双格洗涤盆（池）	1.00	3.0	50	0.025
4	洗手盆、洗脸盆（无塞）	0.10	0.3	32～50	0.020
5	洗脸盆（有塞）	0.25	0.75	32～50	0.020
6	浴 盆	0.67	2.0	50	0.020
7	淋浴器	0.15	0.45	50	0.020
8	大便器				
	高水箱	1.5	4.50	100	0.012
	低水箱	2.0	6.00	100	0.012
	自闭式冲洗阀	1.5	4.50	100	0.012
9	大便槽（每蹲位）	1.5	4.50		
10	小便器				
	手动冲洗阀	0.05	0.15	40～50	0.020
	自动冲洗水箱	0.17	0.50	40～50	0.020
11	小便槽（每 m 长）	0.05	0.15		
12	妇女卫生盆	0.10	0.30	40～50	0.020
13	饮水器	0.05	0.15	25～50	0.010～0.020

注　排水管管径是指存水弯以下的支管管径。

二、排水设计流量

在确定室内排水管的管径及坡度之前，首先必须确定各管段中的排水设计流量。对于某个管段来讲，它的设计流量和它所接入的卫生器具的类型、数量、同时使用百分数及卫生器具排水量等有关。为了计算方便，和室内给水一样，卫生器具的排水量也以当量表示。与一个排水当量相当的排水量为 0.33L/s（参阅表 5-2）。

三、水力计算

排水管管道水力计算的目的是根据排水设计流量，确定排水管的管径和管道坡度，以使管系能正常地工作。

根据生活污水含杂质多、排水量大而急等特点，为了防止管道阻塞，对生活污水管道的最小管径作了如下的规定：除了单个的饮水器、洗脸盆、浴盆和下身盆等排泄较洁净污水的卫生器具排出管允许采用小于50mm的钢管外，其余室内排水管管径均不得小于50mm；对于排泄含大量油脂、泥砂杂质的公共食堂排水管，干管管径不得小于100mm，支管不得小于75mm；对于含有棉花球、纱布杂物的医院住院部卫生间内洗涤盆或污水池的排水管以及易结污垢的小便槽排水管等，管径不得小于75mm；对于连接有大便器的管段，即使仅有一个大便器，其管径仍应不小于100mm；对于大便槽的排出管，管径应不小于150mm。

立管最大排水能力见表5-3。

表5-3　　　　　　　　　　　　　　立管最大排水能力

污水立管管径 （mm）	排水能力（L/s）	
	无专用通气立管	有专用通气立管或主通气管
50	1.0	
75	2.0	
100	4.5	9
150	10	25

注　本表系根据理论分析及考虑实践安全综合制订的。

为确保排水系统在良好的水力条件下工作，排水横管应满足下述三个水力要素的规定：

1. 管道充满度

管道充满度表示管道内的水深 h 与其管径 d 的比值。在重力流的排水管中，污水应在非满流的情况下排除，管道上部未充满水流的空间的作用是使污（废）水中的有害气体能经过通气管排走，或容纳未被估计到的高峰流量。排水管道的最大计算充满度应满足表5-4的规定。

表5-4　　　　　　　　　　　　　排水管道的最大计算充满度

排水管道名称	管径 （mm）	最大计算充满度 （h/d）
生活污水管道	≤125 150～200	0.5 0.6
生产废水管道	50～75 100～150 ≥200	0.6 0.7 1.0
生产污水管道	50～75 100～150 ≥200	0.6 0.7 0.8

注　1. 生活污水管道，在短时间内排泄大量洗涤污水时（如浴室、洗衣房污水），可按满流计算。

2. 生产废水和雨水合流的排水管道，可按地下雨水管道的设计充满度计算。

2. 管道流速

污（废）水在管道内的流速对于排水管道的正常工作有很大影响。为使污水中的悬浮杂质不致沉淀在管底，并且使水流能及时冲刷管壁上的污物，管道流速必须有一个最小的保证值，这个流速称为自清流速。表5-5为各种管道在设计充满度下的自清流速。

表5-5 各种排水管道的自清流速

管渠类别	生 活 污 水 管 道			明 渠	雨水道及合流制排水管道
	$d<150mm$	$d=150mm$	$d=200mm$		
自清流速（m/s）	0.60	0.65	0.70	0.40	0.75

为防止管壁因受污水中坚硬杂质高速流动的摩擦和防止过大的水流冲击而损坏，排水管应有最大允许流速的规定，各种管材的排水管道最大允许流速列于表5-6中。

表5-6 排水管道最大允许流速值 (m/s)

管 道 材 料	生 活 污 水	含有杂质的工业废水、雨水
金属管	7.0	10.0
陶土及陶瓷管	5.0	7.0
混凝土及石棉水泥管	4.0	7.0

3. 管道坡度

排水管道的敷设坡度应满足流速和充满度的要求，一般情况下应采用标准坡度，管道的最大坡度不得大于0.15。生活污水和工业废水的标准坡度和最小坡度可按表5-7选用。

为了简化计算，根据上面所介绍的水力计算公式并按不同的管道粗糙系数计算编制成各种水力计算表，这样就可按所算得的排水设计流量方便地查出排水管所需的管径和坡度。

表5-7 排水管道标准坡度和最小坡度

管 径（mm）	工 业 废 水（最小坡度）		生 活 污 水	
	生产废水	生产污水	标准坡度	最小坡度
50	0.020	0.030	0.035	0.025
75	0.015	0.020	0.025	0.015
100	0.008	0.012	0.020	0.012
125	0.006	0.010	0.015	0.010
150	0.005	0.006	0.010	0.007
200	0.004	0.004	0.008	0.005
250	0.0035	0.0035	—	—
300	0.0030	0.003	—	—

四、化粪池的选用

化粪池的容积及尺寸，通常需根据使用人数、每人每日的排水量标准、污水在池中的停留时间和污泥的清掏周期等因素通过计算决定。我国现行的《给水排水标准图集》制订了有效容积为3.75～50m³的砖砌和钢筋混凝土矩形及圆形化粪池，可供设计时选用。各种型号化粪池的容积、尺寸及适用人数，见表5-8。

按表 5-8 选用单栋建筑物的化粪池时，实际使用卫生设备的人数并不完全等于使用建筑物的总人数，实际使用的人数与总人数的百分比，根据建筑物的性质规定如下：

医院、疗养院、幼儿园（有住宿）等一类建筑，因病员、休养员和儿童全天生活在内，故百分比为 100%；

住宅、集体宿舍、旅馆一类建筑中，人员在其中逗留时间约为 16h，故采用 70%；

办公楼、教学楼、工业企业生活间等工作场所，职工在其内工作时间为 8h，故采用 40%；

公共食堂、影剧院、体育场等建筑，人们在其中逗留时间约 2～3h，故采用 10%。

表 5-8　　　　　　　　国家标准图集各号砖砌化粪池容积、尺寸及适用人数

化粪池型号 （无地下水）	有效容积 （m³）	尺　寸　（m）			实际使用人数
		长（L）	宽（B）	高（H）	
Ⅰ	3.75	5.05	1.69	1.85	120 以下
Ⅱ	6.25	5.33	1.94	2.05	120～200
Ⅲ	12.50	5.46	2.44	2.60	200～400
Ⅳ	20.00	6.31	3.44	2.20	400～600
Ⅴ	30.00	6.48	3.44	3.05	600～800
Ⅵ	40.00	8.08	3.44	3.05	800～1100
Ⅶ	50.00	9.68	3.44	3.05	1100～1400

注　表中的实际使用人数是按每人每日污水量 25L、污泥量 0.4L、污水停留时间 12h、清掏周期 120 天计算得到的。

第六节　屋面雨水排放

降落在建筑物屋面的雨水和融化的雪水，必须妥善地予以迅速排除，以免造成屋面积水、漏水，影响生活及生产。屋面雨水的排除方式，一般可分为外排水和内排水两种。根据建筑结构形式、气候条件及生产使用要求，在技术经济合理的情况下，屋面雨水应尽量采用外排水系统排水。

一、外排水系统

1. 檐沟外排水（水落管外排水）

对一般的居住建筑、屋面面积较小的公共建筑及单跨的工业建筑，雨水多采用屋面檐沟汇集，然后流入外墙的水落管排至屋墙边地面或明沟内。若排入明沟，再经雨水口、连接管引到雨水检查井，如图 5-11 所示。水落管多用镀锌薄钢板制成，截面为矩形或半圆形，其断面尺寸约为 100mm×80mm 或 120mm×80mm；也有用石棉水泥管的，但其下段极易因碰撞而破裂，故使用时，其下部距地 1m 高应考虑保护措施（多用水泥砂浆抹面）。工业厂房的水落管也可用铸铁管，管径为 100mm 或 150mm。水落管的间距在民用建筑中为 12～16m，在工业建筑中为 18～24m。

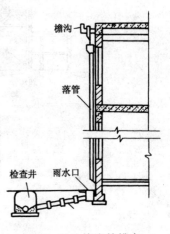

图 5-11　檐沟外排水

2. 长天沟外排水

在多跨的工业厂房，中间跨屋面雨水的排除，过去常设计为内排水系统，这样在经济上增加了投资，在使用过程中常有检查井冒水的现象。因此，近年来，国内对多跨厂房常采用长天沟外排水的方式。这种排水方式的优点是可消除厂房内部检查井冒水的问题，而且具有节约投资、节省金属、施工简便（不需搭架安装悬吊管道等）以及为厂区雨水系统提供明沟排水或减少管道埋深等优点。但若设计不善或施工质量不佳，将会发生天沟渗漏的问题。

图 5-12 是长天沟布置示意图，天沟以伸缩缝为分水线坡向两端，其坡度不小于 0.005m，天沟伸出山墙 0.4m。关于雨水斗及雨水立管的构造与安装，如图 5-13 所示。

在寒冷地区，设置天沟时雨水立管也可设在室内。

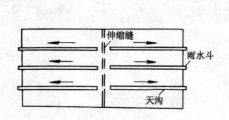

图 5-12　长天沟布置示意

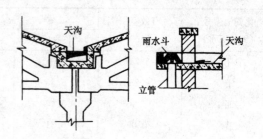

图 5-13　天沟与雨水管连接

二、内排水系统

对于大面积建筑屋面及多跨的工业厂房，当采用外排水有困难时，可以采用内排水系统。

（一）内排水系统的组成

内排水系统由雨水斗、悬吊管、立管、地下雨水沟管及清通设备等组成。图 5-14 为内排水系统构造示意图。

当车间内允许敷设地下管道时，屋面雨水可由雨水斗经立管直接流入室内检查井，再由地下雨水管道流至室外检查井，如图 5-14（a）所示。但因这种系统可能造成检查井冒水的

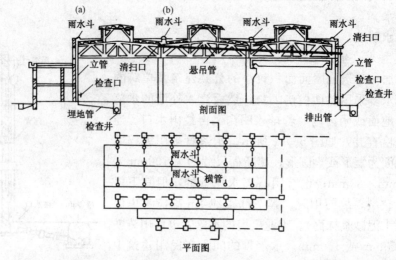

图 5-14　内排水系统示意图

现象，所以此种方法采用较少，应尽量设计成如图5-14（b）所示的排水方式，雨水由雨水斗经悬吊管、立管、排出管流至室外检查井。在冬季不甚寒冷的地区，可将悬吊管引出山墙，立管设在室外，固定在山墙上，类似天沟外排水的处理方法。

（二）内排水系统的布置和安装

1. 雨水斗

雨水斗的作用是迅速地排除屋面雨雪水，并能将粗大杂物拦阻下来。为此，要求选用导水通畅、水流平稳、通过流量大、天沟水位低、水流中掺气量小的雨水斗。目前，我国常用的雨水斗有65型、64-Ⅰ型和64-Ⅱ型等。其中，以65型雨水斗的性能最好，因此推荐采用。图5-15为雨水斗组合图。

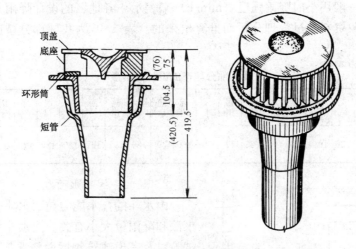

图5-15　雨水斗组合图

雨水斗布置的位置要考虑集水面积比较均匀和便于与悬吊管及雨水立管的连接，以确保雨水能通畅流入。布置雨水斗时，应以伸缩缝或沉降缝作为屋面排水分水线，否则，应在该缝的两侧各设一个雨水斗。雨水斗的位置不要太靠近变形缝，以免遇暴雨时，天沟水位涨高，从变形缝上部流入车间内。雨水斗的间距除按计算决定外，还应考虑建筑物的构造（如柱子布置等）特点而决定。在工业厂房中，间距一般采用12、18、24m，通常采用100mm口径的雨水斗。

2. 悬吊管

在工业厂房中，悬吊管常固定在厂房的桁架上，为便于经常性的维修清通，悬吊管需有不小于0.003的管坡，坡向立管。悬吊管管径不得小于雨水斗连接管的管径。当管径小于或等于150mm，长度超过15m时，或管径为200mm，长度超过20m时均应设置检查口。悬吊管应避免从不允许有滴水的生产设备的上方通过。悬吊管在实际工作中为压力流，因此管材应采用给水铸铁管，石棉水泥接口。

3. 立管

雨水立管一般直沿墙壁或柱子明装。立管上应装设检查口，检查口中心至地面的高度一般为1m。立管管径应由计算确定，但不得小于与其连接的悬吊管的管径。雨水立管一般采用铸铁管，用石棉水泥接口。在可能受到振动的地方采用焊接钢管，焊接接口。

4. 地下雨水管道

地下雨水管道接纳各立管流来的雨水及较洁净的生产废水并将其排至室外雨水管道中去。厂房内地下雨水管道大都采用暗管式，其管径不得小于与其连接的雨水立管管径，也不得大于 600mm，因为管径太大时，埋深会增加，与旁支管连接也会更困难。埋地管常用混凝土管或钢筋混凝土管，也可采用陶土管或石棉水泥管等。

在车间内，当敷设暗管受到限制或采用明沟有利于生产工艺时，则地下雨水管道也可采用有盖板的明沟排水。

（三）内排水系统的计算

1. 降雨量

设计降雨量一般用小时降雨强度（mm/h）来表示。各地区的设计降雨量是根据当地长期记录的降雨气象资料通过数理分析而推算出来的。表 5-9 为我国部分城市的设计降雨量（重现期 $P=1$）。

表 5-9　　　　　　　　　我国部分城市的设计降雨量

城市名称	北京	天津	上海	哈尔滨	长春	太原	济南	银川	天水	杭州	南京	广州	福州	南昌	长沙	汉口	郑州	南宁	成都	重庆	昆明	贵阳
降雨量 h (mm/h)	128	119	126	101	120	101	103	41	70	166	79	186	141	167	120	125	120	142	111	111	113	107

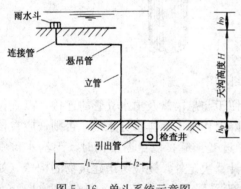

图 5-16　单斗系统示意图

2. 雨水斗的集水面积

雨水斗的排水能力与雨水斗前（天沟内）的水深和降雨量大小有关。雨水斗前积水深，根据试验以及考虑建筑物屋面情况，一般采用 6、8、10cm 为宜，在具体设计中需按屋面形式、建筑物的重要性及当地实际情况酌情采用。表 5-10 为一个 65 型雨水斗最大允许集水面积的计算表，可供查用。

3. 架空管系管径的确定

架空管系是指雨水连接管（连接雨水斗和悬吊管的管段）、悬吊管、立管和引出管（立管至第一个雨水检查井之地下管段）各管段的总称。在工作时，整个管系处于密闭状态，管内水流为压力流。其排泄雨水的流量随天沟水深（雨水斗前水深）、天沟高度（自雨水斗至引出管的几何高差）、各管段长度和管径、雨水斗数量以及布置形式而变动。内排水系统中，一般采用单斗、单悬吊管及单立管排水。条件不允许时，一根悬吊管及立管最多可连接 4 个雨水斗。图 5-16 为单斗系统示意图。

表 5-10　　　　　　　　一个 65 型雨水斗的最大允许集水面积　　　　　　　　　　m²

天沟水深 h_g (cm)	降 雨 量　h　（mm/h）											
	50	60	70	80	90	100	110	120	140	160	180	200
6	665	537	461	403	358	322	293	269	230	202	179	161
8	1528	1274	1092	955	849	764	695	637	546	478	425	382
10	2412	2010	1723	1507	1340	1206	1096	1005	861	754	670	603

4. 埋地横管管径的确定

埋地横管是指起点在检查井以后的地下雨水管道，其埋设深度可按表 5-1 确定，最小坡度可按表 5-7 中的生产废水最小坡度确定。参照该表中所规定的坡度范围数值，并根据所承纳的集水面积确定。

第七节　高层建筑室内排水系统的特点

一、排水系统

建筑物内部生活污水，按其污染性质可分为两种：一种是粪便污水；另一种为盥洗、洗涤污水。这两种污水可分流或合流排出。

近年来，在水资源紧张地区兴建的高层建筑和小区建筑群，为了节约用水，有的建筑物把洗涤污水进行处理作为冲洗粪便用水。这样，为综合利用水资源创造条件，高层建筑生活污水可采用分流排水系统。

二、高层建筑排水方式

高层建筑排水立管长、排水量大，立管内气压波动大。排水系统功能的好坏很大程度上取决于排水管道通气系统是否合理，这也是高层建筑排水系统的特点之一。

（一）设通气管的排水系统

当层数在 10 层及 10 层以上且承担的设计排水流量超过排水立管允许负荷时，应设置专用通气立管。如图 5-17 所示，排水立管与专用通气立管每隔两层用共轭管相连接。专用通气立管管径一般比排水立管管径小一至两号。图 5-17（a）为合流排放专用通气立管。当洗涤污水立管和粪便污水立管两根立管共用一根专用通气立管时，如图 5-17（b）所示，专用通气立管管径应与排水立管管径相同。

对于使用要求较高的建筑和高层公共建筑亦可设置环形通气管、主通气立管或副通气立管。对卫生、噪声要求较高的建筑物内，生活污水管道宜设器具通气管，如图 5-18 所示。

通气管管径应根据排水管负荷、管道长度决定，一般不小于排水管管径的 1/2，其最小管径可按表 5-11 确定。

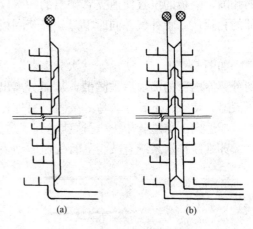

图 5-17　专用通气立管系统

表 5-11　　　　　　　　通　气　管　管　径

污水管管径 （mm）	32	40	50	75	100	150
器具通气管 （mm）	32	32	32		50	
环形通气管 （mm）			32	40	50	
通气立管管径 （mm）			40	50	75	100

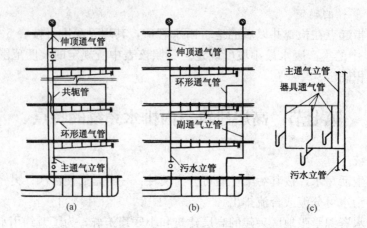

图 5 - 18　辅助通气排水系统

（二）苏维脱排水系统

如图 5 - 19（a）所示为苏维脱排水系统，系统有两个特殊部件，气水混合器和气水分离器。

1. 气水混合器

如图 5 - 19 所示，气水混合器为一长 80cm 的连接配件，装置在立管与每根横支管相接处，气水混合器有三个方向可接入横支管，混合器的内部有一隔板，隔板上部有约 1cm 高的孔隙，隔板的设置使横支管排出的污水仅在混合器内右半部形成水塞，此水塞通过隔板上部的孔隙从立管补气并同时下降，降至隔板下，水塞立即被破坏而呈膜流沿立管流下。

2. 气水分离器

如图 5 - 19（c）所示，气水分离器装置在立管底部转弯处。沿立管流下的气水混合物遇到分离器内部的凸块后被溅散，从而分离出气体（约 70% 以上），减少了污水的体积，降低了流速，使空气不致在转弯处受阻；另外，还将分离出来的气体用一根跑气管引到干管的下游（或返向上部立管中去），这就达到了防止立管底部产生过大正压的目的。

苏维脱排水系统有减少立管气压波动，保证排水系统正常使用、施工方便、工程造价低

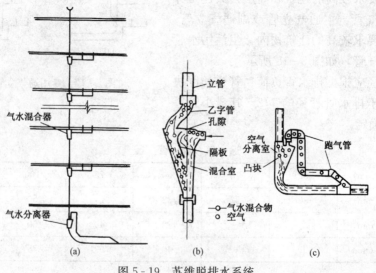

图 5 - 19　苏维脱排水系统

等优点。

（三）空气芯水膜旋流排水立管系统

空气芯水膜旋流排水立管系统如图 5-20 所示，这种排水系统包括两个特殊的配件。

1. 旋流连接配件

旋流连接配件的构造如图 5-20（b）所示，接头中的固定式叶片，能使立管中下落的水流或横支管中流入的水流，沿管壁旋转而下，使立管从上至下形成一条空气芯，由于空气芯的存在，使立管内的压力变化很小，从而避免了水封被破坏，提高了立管的排水能力。

2. 特殊排水弯头

在排水立管底部装有有特殊叶片的弯头，如图 5-20（c）所示，叶片装在立管的"凸管"一边，迫使下落水流溅向对壁并沿着弯头后方流下，这就避免了在横干管内发生水跃而封闭住立管内的气流，造成过大的正压。

此系统广泛用于十层以上的建筑物。

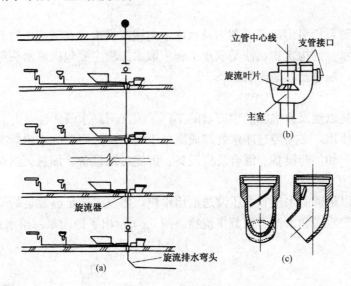

图 5-20　空气芯水膜旋流排水立管系统
(a) 排水系统；(b) 旋流器；(c) 旋流排水弯头

三、高层建筑排水管材

高层建筑的排水立管高度大，管中流速大，冲刷能力强，应采用比普通排水铸铁管强度高的管材。对高度很大的排水立管应考虑采取消能措施，通常在立管每隔一定的距离装设一个乙字弯管。由于高层建筑层间位变较大，立管接口应采用弹性较好的柔性材料连接，以适应变形要求。

第六章

怎样看室外给水管网工程图

第一节 室外给水工程的组成

一、以地面水为水源的给水系统的组成

以地面水为水源的给水系统由三部分组成：取水工程、净水工程、输配水工程。

1. 取水工程

地面水为水源系指引用河流、湖泊及水库水向城市供水。在河流岸边和湖泊水库岸边建造提取所需要的水量的构筑物，便是取水工程。取水工程主要包括取水头部、管道、水泵站建筑、水泵设备、配电及其他附属设备。

2. 净水工程

净水工程就是以地面为水源的生产水的工厂。因江河湖水既浑浊又有各种细菌，无法直接为生活和生产使用，必须经过净水处理成满足生活和生产需要的水质标准。生产过程中需要建造净化设备，如加药设备、混合反应设备、沉淀过滤设备、加氯灭菌设备等。

3. 输配水工程

净化后的水以足够的水量和水压输送给用水户，需要建造足够数量的输水管道、配水管图和水泵站，建造水塔和水池等调节构筑物。图6-1示出了地面水源给水系统的组成。

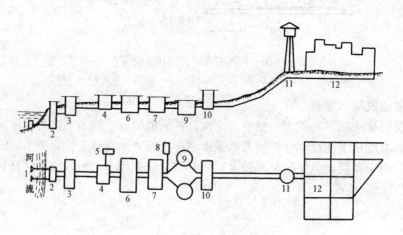

图6-1 地面水源给水系统的组成

1—取水头；2—取水建筑；3—一级泵站；4—混合反应；5—加药；

6—沉淀；7—过滤；8—加氯；9—清水池；10—二级泵站；

11—水塔；12—管网

二、以地下水为水源的给水系统的组成

以地下水为水源的给水系统，常用大口井或深管井等取水。如地下水水质符合生活饮用水卫生标准，可省去处理构筑物。其系统如图6-2所示。

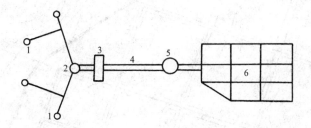

图6-2 地下水源给水系统
1—管井；2—集水池；3—泵站；4—输水管；
5—水塔；6—管网

三、给水管网的组成

给水管网的布置形式，根据城市规划、用户分布及用水要求，可布置成树枝状和环状管网。

1. 树枝状管网

如图6-3所示的某城市树枝状管网布置。管网呈树枝状向城市供水区布置，管径随用水户减少而逐渐缩小。这种管网的布置，管线总长度短，构造简单，投资较省。但是当某处管道损坏时，则该处以后靠此管供水处将全部停水，因此供水可靠性差。

2. 环状管网

环状管网是供水干管间互相连通而形成的闭合管路，如图6-4所示。这样每条管路都可以由两个方向供水，因此供水安全、可靠。

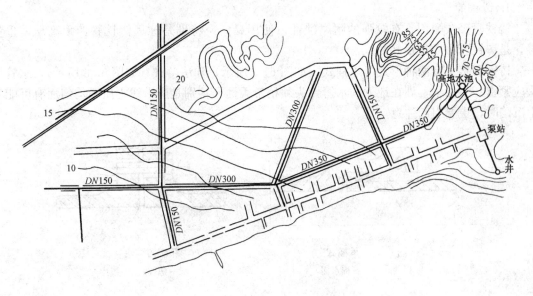

图6-3 某城市树枝状管网

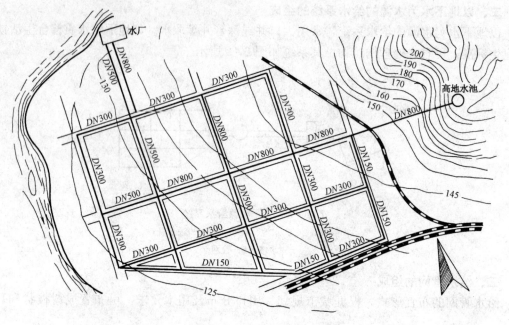

图 6-4　环状管网布置

第二节　管材、接口、管网设备及配件

一、管材及接口

给水管分金属管（铸铁管和钢管）和非金属管（钢筋混凝土管、塑料管等）。管材的选择，取决于要求的供水压力、敷设条件、供应情况等。

1. 铸铁管

铸铁管经久耐用，有较强的耐腐蚀性，使用最广，特别是球墨铸铁管，耐高压，重量轻，是铸铁管中质量最好的。

铸铁管接头有两种形式：承插式（如图 6-5 所示）和法兰式（如图 6-6 所示）。水管接头应紧密、不漏水，埋在地下的水管接头须稍带柔性，特别是当沿线土质不均匀而有可能发生沉陷时，更要引起注意。

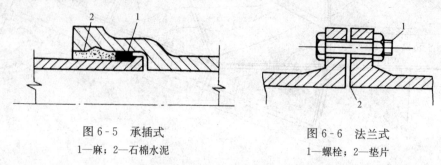

图 6-5　承插式
1—麻；2—石棉水泥

图 6-6　法兰式
1—螺栓；2—垫片

承插式直管适用于埋地管线，安装时将插口插入承口内，两口之间的环形空隙用接头材料填实。接头材料分两层，里层是油麻或胶圈，外层采用各种填料，如青铅、石棉水泥、自

66

应力水泥砂浆等。用青铅作为填料，由于价格高而且要消耗大量的有色金属，除特殊情况外很少采用。自应力水泥接口被广泛应用，是由自应力水泥、砂和水按 1∶1∶（0.28～0.32）的比例拌匀，分三层填入接头内，然后浇水养护，三天后即可试压。这种接口的优点是操作简单、快硬、早强、造价低；缺点是接口属刚性，而抗震性较差。

图 6-7 所示的是铸铁管橡胶圈接口的一种，胶圈受压缩后，密封管口。

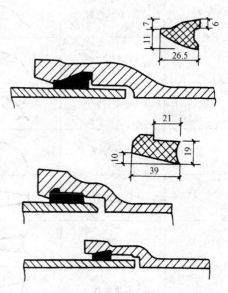

图 6-7　胶圈接口

2. 钢管

钢管有无缝钢管和焊接钢管两种。焊接钢管上有螺旋形或纵向焊缝。钢管的优点是强度高、耐高压、耐震动、重量较轻、长度大、接头少；缺点是易生锈，不耐腐蚀。在给水管网中，除了因管径过大和水压过高，以及穿越铁路、河谷和地震地区时使用外，很少采用。

钢管可用于焊接或法兰接头，所用配件如弯管、渐缩管、三通、四通等，都用钢板卷焊。

3. 钢筋混凝土管

给水管道所使用的钢筋混凝土管，又有预应力和自应力之分。承插式钢筋混凝土管使用橡胶圈接口，密封性好。

4. 塑料管

塑料管由聚氯乙烯树脂与稳定剂、润滑剂等配合后，加热在制管机中挤压而成。这种管材具有强度高、表面光滑、耐腐蚀、重量轻、加工和连接方便等优点，但是它易老化且质脆。接头配件有塑料三通、四通、90°弯管和闸门等，用焊接或法兰连接。

二、管件

管件种类很多，在工程图上往往使用单线图示表示各种管件。为便于识读图，表 6-1 列出了部分常用管件单线图示。

表 6-1　　　　　　　　　　　　管 件 图 示

编　号	名　称	符　号	编　号	名　称	符　号
1	承插直管		6	法兰四通	
2	法兰直管		7	四承四通	
3	三法兰三通		8	双承双法兰四通	
4	三承三通		9	法兰泄水管	
5	双承法兰三通		10	承口泄水管	

编号	名 称	符 号	编号	名 称	符 号
11	90°法兰弯管		22	双承套管	
12	90°双承弯管		23	马鞍法兰	
13	90°承插弯管		24	活络接头	
14	双承弯管		25	法兰式墙管（甲）	
15	承插弯管		26	承式墙管（甲）	
16	法兰缩管		27	喇叭口	
17	承口法兰缩管		28	插堵	
18	双承缩管		29	承堵	
19	承口法兰短管		30	法兰式消火栓弯管	
20	法兰插口短管		31	法兰式消火栓丁字管	
21	双承口短管		32	法兰式消火栓十字管	

三、管网附属设备

1. 阀门及阀门井

输配水管道上的阀门多采用暗杆，一般采用手动操作，直径较大时可采用电动操作。阀门井的尺寸应满足操作阀门及拆装管道阀件所需的最小尺寸。

(1) 图 6-8 为地面操作立式阀门井标准图，并与表 6-2 结合使用。如阀门直径 $DN=500mm$，阀门井内径 $D_j=2000mm$、方头阀门最小井深 $H_m=2660mm$、管中到井底高 $h=750mm$。砖砌圆形阀门井，井壁厚为 240mm，即一砖厚，井盖可选用直径为 700mm 的标准铸铁井盖。

(2) 图 6-9 为井下操作的阀门井标准图。该阀门井开闭阀门时，人必须下至井内，用手轮开闭阀门。图 6-8 所示的阀门井，人也可不进入井内，在井上使用方头水门钎子开闭阀门。

表 6-3 列出了图 6-9 所示的阀门井的有关尺寸。

(3) 图 6-10 及表 6-4 列出了矩形卧式阀门井各向的施工尺寸。

表6-2					地面操作立式阀门井尺寸					mm
阀门直径	阀门井内径	最小井深 H_m		管中到井底高	阀门直径	阀门井内径	最小井深 H_m		管中到井底高
DN	D_j	方头阀门	手轮阀门	h	DN	D_j	方头阀门	手轮阀门	h
75（80）	1000	1310	1380	438	450	2000	2480	2850	725
100	1000	1380	1440	450	500	2000	2660	2980	750
150	1200	1560	1630	475	600	2200	3100	3480	800
200	1400	1690	1800	500	700	2400	—	3660	850
250	1400	1800	1940	525	800	2400	—	4230	900
300	1600	1940	2130	550	900	2800	—	4230	950
350	1800	2160	2350	675	1000	2800	—	4850	1000
400	1800	2350	2540	700					

表6-3				井下操作立式阀门井尺寸				mm
阀门直径	阀门井内径	最小井深	管中到井底高	阀门直径	阀门井内径	最小井深	管中到井底高
DN	D_j	H_m	h	DN	D_j	H_m	h
75（80）	1200	1440	440	450	2000	2680	725
100	1200	1500	450	500	2000	2740	750
150	1200	1630	475	600	2200	3180	800
200	1400	1750	500	700	2400	3430	850
250	1400	1880	525	800	2400	3990	900
300	1600	2050	550	900	2800	4120	950
350	1800	2300	675	1000	2800	4620	1000
400	1800	2430	700				

表6-4					矩形卧式阀门井尺寸				mm
阀门直径	阀 井		最小井深	管中到井底标高	阀门直径	阀 井		最小井深	管中到井底标高
DN	宽度 B	长度 A	H_m	h	DN	宽度 B	长度 A	H_m	h
700	2000	3250	2500	950	1000	2000	4250	3000	1150
800	2000	3500	2750	1000	1200	2000	4750	3000	1250
900	2000	4000	2750	1050					

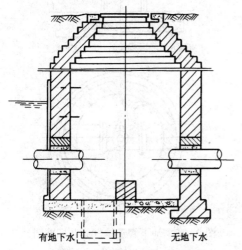

图6-8　地面操作立式阀门井

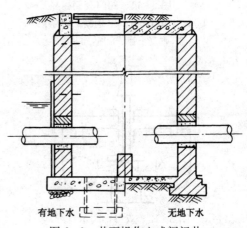

图6-9　井下操作立式阀门井

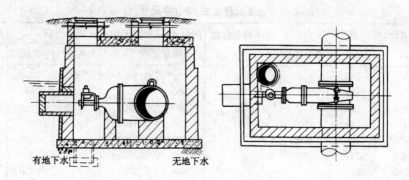

图 6-10　矩形卧式阀门井

　　（4）直径小于或等于 300mm 的阀门，如设置在高级路面以外的地方（人行道等），可采用如图 6-11 所示的阀门套筒。

　　2. 排气阀及排气阀井

　　在埋地压力输水管标高最高点处，应设置能自动进气和排气的阀门，用以排除管内积聚的空气，并在管道需要检修放空时进入空气，保持排水通畅；同时，在产生水锤时可使空气自动进入，避免产生负压。

　　图 6-12 为双口排气阀示意图，表 6-5 为排气阀选用的表，图 6-13 为排气阀井标准图，表 6-6 为排气阀井主要尺寸。

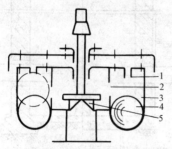

图 6-11　阀门套筒
1—铸铁阀门套筒；2—混凝土套筒座；
3—混凝土管；4—砖砌井框

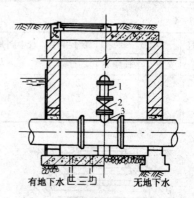

有地下水　　　无地下水

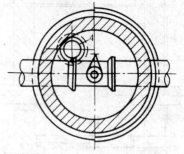

图 6-12　双口排阀示意图
1—排气孔；2—连通孔；3—浮球室；
4—浮球；5—阀

图 6-13　地下管道排气阀井标准图
1—排气阀；2—阀门；3—排气
丁字管；4—集水坑（DN300
混凝土管）

70

表 6-5 排 气 阀 的 选 用 mm

双 口 排 气 阀			单 口 排 气 阀		
管路及丁字管直径		排气阀直径	管路及丁字管直径		排气阀直径
D	d	DN	D	d	DN
100	75	16	500	75	50
125	75	16	600	75	75
150	75	16	700	75	75
200	75	20	800	75	75
250	75	20	900	100	100
300	75	25	1000	100	100
350	75	25	1200	100	100
400	75	50	1400	150	150
450	75	50	1600	150	150

表 6-6 排气阀井主要尺寸 mm

干管直径 DN	井内径 D_j	最小井深 H_m	1 排气阀规格	2 闸阀规格	3 排气丁字管规格
100	1200	1690	16 单口	75	100×75
150	1200	1740	16 单口	75	150×75
200	1200	1820	20 单口	75	200×75
250	1200	1870	20 单口	75	250×75
300	1200	1950	25 单口	75	300×75
350	1200	2000	25 单口	75	350×75
400	1200	2170	50 双口	75	400×75
450	1200	2210	50 双口	75	450×75
500	1200	2260	50 双口	75	500×75
600	1200	2360	75 双口	75	600×75
700	1400	2480	75 双口	75	700×75
800	1400	2570	75 双口	75	800×75
900	1400	2780	100 双口	100	900×100
1000	1400	2880	100 双口	100	1000×100
1200	1600	3140	100 双口	100	1200×100
1400	1600	3590	150 双口	150	1400×150
1500	1800	3690	150 双口	150	1500×150
1600	1800	3790	150 双口	150	1600×150
1800	2400	4010	200 双口	200	1800×200
2000	2400	4210	200 双口	200	2000×200

3. 排水管及排水井

在埋设管线最低处及管道过河最低处设排水阀,用于排除管内沉淀污泥或检修时放空管道。图 6-14 为排水阀及排水阀井施工图,表 6-7 列出了选用排水阀门井的尺寸。

4. 消火栓

消火栓有地上式及地下式两种。地上式消火栓目标明显,使用方便,但易损坏;地下式消火栓不易损坏,但目标不明显,可根据气候和使用条件选用。地下式消火栓的安装方式有旁通式和直通式,旁通式位于支管上,容易冻坏。在寒冷地区应采用直通式地下消火栓。地下式和地上式消火栓安装详见图 6-15 和图 6-16。

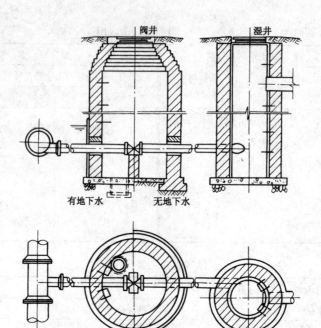

图 6-14 排水阀及排水阀井

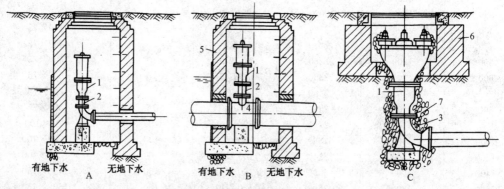

图 6-15 室外地下式消火栓安装

A—甲型安装；B—乙型安装；C—丙型安装

1—S×100 消火栓；2—短管；3—弯头支座；4—消火栓三通；5—圆形阀门井；

6—砖砌圆井；7—卵石渗水层铺设半径 0.5m（卵石 d=20～30）

表 6-7			排 水 阀 门 井 尺 寸					mm
干管直径	排水管直径	阀井内径	湿井内径	1		2		
				排水丁字管 （个）		闸 阀 （个）		
DN	d_N	D_j	D_s	规 格	数量	规 格	数量	
200	75	1200	700	200×75	1	75	1	
250	75	1200	700	250×75	1	75	1	
300	75	1200	700	300×75	1	75	1	
350	75	1200	700	350×75	1	75	1	
400	100	1200	1000	400×100	1	100	1	
	150	1200	1000	400×150	1	150	1	
	150	1200	1000	450×150	1	150	1	

干管直径 DN	排水管直径 d_N	阀井内径 D_j	湿井内径 D_s	1 排水丁字管 （个）		2 闸 阀 （个）	
				规　格	数量	规　格	数量
450	200	1400	1000	450×200	1	200	1
	150	1200	1000	500×150	1	150	1
500	200	1400	1000	500×200	1	200	1
	150	1200	1000	600×150	1	150	1
600	200	1400	1000	600×200	1	200	1
	200	1400	1000	700×200	1	200	1
700	250	1400	1200	700×250	1	250	1
	200	1400	1000	800×200	1	200	1
800	250	1400	1200	800×250	1	250	1
	250	1400	1200	900×250	1	250	1
900	300	1600	1200	900×300	1	300	1
	300	1600	1200	1000×300	1	300	1
1000	400	1800	1200	1000×400	1	400	1

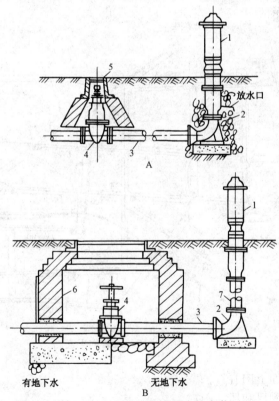

图 6-16　室外地上式消火栓安装
A—甲型安装；B—乙型安装
1—SS100 地上式消火栓；2—弯头支座；3—短管；4—阀门；5—阀门套筒；6—圆形阀门井；7—短管

第三节 管 网 施 工 图

一、管网平面图

图 6 - 17 为一供水区管网施工平面布置图，它是给水管网施工图中最重要的一张图纸。每一管段纵断面图、管网节点详图、特殊条件下的管道施工（如过河、过铁路等）等均以此图为主要根据。

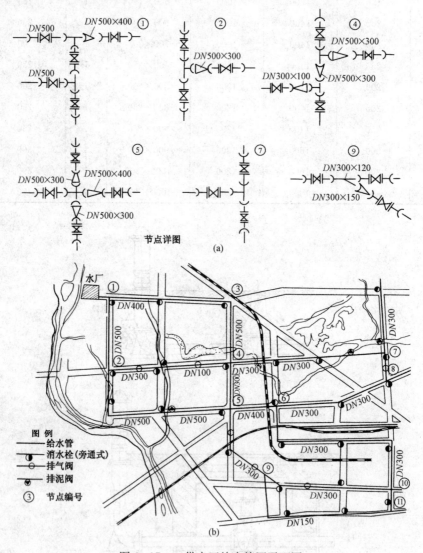

图 6 - 17　一供水区给水管网平面图

平面施工图上注明如下内容：

（1）图纸所用的比例尺和风向图；

（2）供水区的地形、地貌、等高线、河流、高地、洼地等；

（3）铁路布置、街区布置、主要工业企业平面位置；

（4）主干管管网布置，管径和长度，消火栓、排气阀门、排水阀门和干管阀门布置。

二、纵断面图

图6-18为输水管一段管道平面和纵断面图。

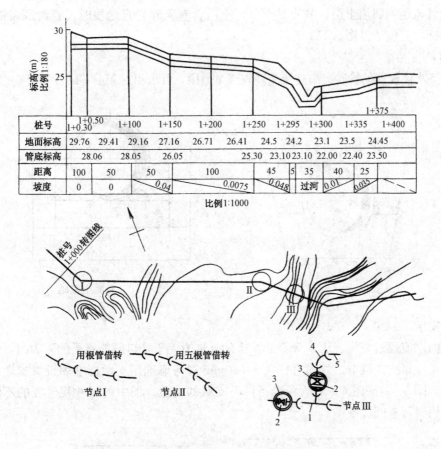

桩号	1+0.30	1+0.50	1+100	1+150	1+200	1+250	1+295	1+300	1+335	1+400
地面标高	29.76	29.41	29.16	27.16	26.71	26.41	24.5	24.2	23.1	23.5	24.45
管底标高	28.06	28.05	26.05			25.30	23.10	23.10	22.00	22.40	23.50
距离	100	50	50	100		45	5	35	40	25
坡度	0	0	0.04	0.0075		0.048	过河	0.01	0.035	

比例1:1000

图 6-18 输水管纵断面施工图

1—双承三通；2—阀门；3—阀门井；4—承插弯管；5—法兰短管

在平面图上查明管道平面走向和转向处角度，地形从西至东降低，在桩号1+295m处管道过河，在桩号1+335m处管道爬上河岸正常埋设，管道直径$d=300$mm，管材为铸铁管。

识读纵断面图：水平方向的比例为1∶100，竖向的比例为1∶100。地面高程变化较大，管道基本是按地面自然坡度埋设的。

在输水干管的分支和设置阀门等需要特殊表示的部位，绘制管网节点详图。如图6-17和图6-18上所示节点详图，弄清其结构方式、所用设备（如阀门）及管件规格和数量。

第四节 管网附属构筑物施工图

一、管道基础

敷设管道前的设计阶段就要充分了解沿线地段的土壤性质和地下水位的情况并确定采取相应的管道基础。

管道应尽量敷设在土壤耐压强度较高，未经扰动的天然地基上，管沟挖好后，管道直接敷设在原土上，接口回填即可。

1. 砂基础

敷设管道遇到回填土层、砂质黏土层、土质含有破碎岩石地段时，管沟底需铺一层砂，做成砂基础，其做法见图 6-19 所示。

2. 混凝土基础

在地下水位较高的粉砂、细砂及流砂较严重地段，可采用混凝土基础，如图 6-20 所示。

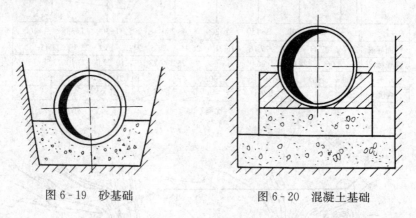

图 6-19　砂基础　　　　　　　　图 6-20　混凝土基础

二、支墩

当管内水流通过弯头、丁字管等处产生的外推力大于接口所能承受的阻力时，应设置支墩，以防止接口松动脱节。管道直径大于 350mm 时考虑选用支墩标准图设置支墩，小管径不设支墩。图 6-21～图 6-26 为各种条件下支墩的构造，图中的尺寸视管径的不同而有所变化，选用时可查阅标准图。

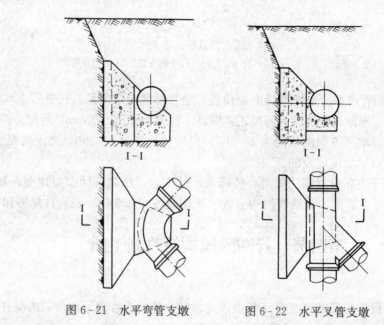

图 6-21　水平弯管支墩　　　　图 6-22　水平叉管支墩

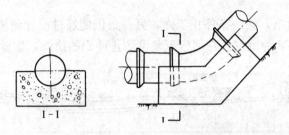

图 6-23　垂直向上弯管支墩

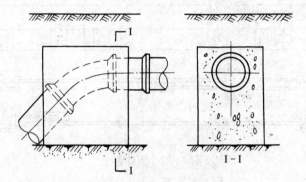

图 6-24　垂直向下弯管支墩

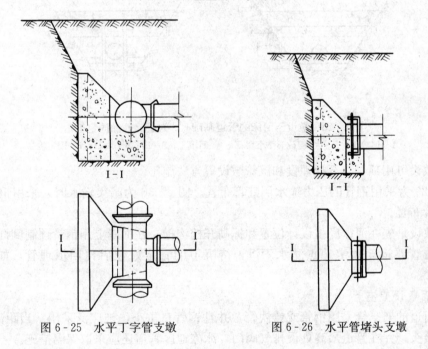

图 6-25　水平丁字管支墩　　　　图 6-26　水平管堵头支墩

三、管道跨越河道

输水管道在通过河道时的跨越形式可分为河底穿越和河面跨越。河底穿越（倒虹管）的施工方法可采取围堤，开挖河底进行埋置；水下挖泥、拖运、沉管敷设；冬季冰面下沉和顶管等方法。河面跨越可将管道附设于车行（人行）桥梁上或设专用的管桥架设过河。管桥形式可因地制宜选用。

1. 水下敷设倒虹管

倒虹管一般设成两条，按一条停止工作，另一条仍能通过设计流量考虑。图6-27为一倒虹管施工图。图6-28为倒虹管在河床下敷设防止冲刷的措施，即做管基础。

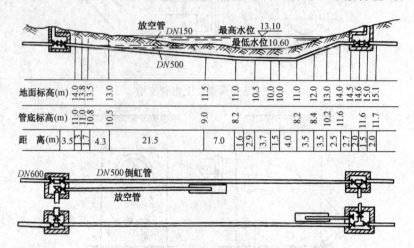

图 6-27　倒虹管

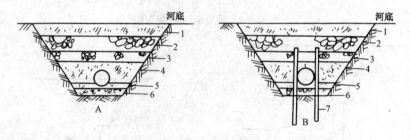

图 6-28　敷设于河床的管道基础（B为遇流砂加固定桩）
1—回填土；2—大块石；3—小块石；4—回填土；5—砂；6—块石；7—固定桩

水下敷设可用顶管、开挖埋设和沉管敷设等方法施工。

图6-29为采用钢管的压力输水倒虹管布置。图6-30为暗渠输水时，采用钢管顶管过河的倒虹管布置。

沉管敷设是先在河床底按设计位置和标高开挖沟槽，在河岸上用钢管预制倒虹管，将预制好的倒虹管浮运至预定地点灌水下沉，待沉下的管定好位后再回填埋管，如图6-31所示。

2. 河面敷设架空管

跨越河道的架空管采用钢管或铸铁管，并且钢管自重小，被广泛采用。当距离较长时，应设伸缩接头，并在管道最高处设排气阀门，冰冻地区管道还应采取保温措施。

图6-32为给水管道在已有或新建的桥梁上敷设。A图是将管吊在桥下；B图是将管敷设在人行道的管沟内。

图6-33和图6-34为建造支墩敷设管道过河的施工图。图6-35为建造桁架敷设管道的施工图。图6-36为建悬索桁架过河的施工图，此法也很适合跨越山谷施工。图6-37为利用钢管自身设计成拱形过河的施工图。

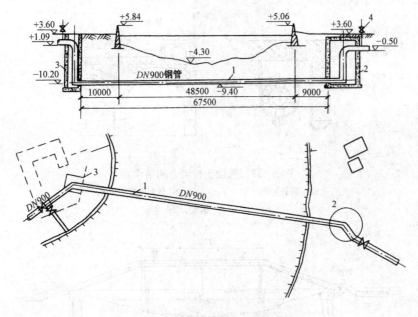

图 6-29　顶进压力输水倒虹钢管

1—DN900 钢管；2—顶管井；3—联结井；4—排气阀

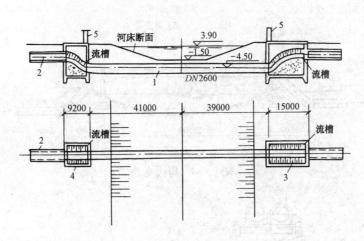

图 6-30　顶进低压输水倒虹钢管

1—DN2600 钢管；2—3000×2500 渠道；3—顶管井；

4—连结井；5—透气孔

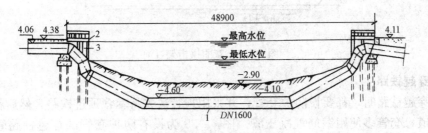

图 6-31　沉埋倒虹钢管

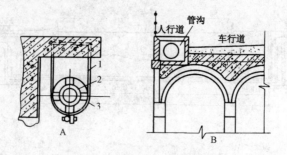

图 6 - 32　敷设于桥梁上的给水管
A—钢筋混凝土桥下吊管；B—桥上人行道下管沟
1—吊环；2—钢筋；3—垫木

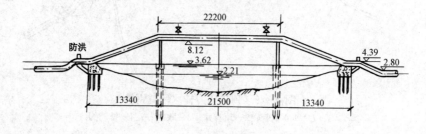

图 6 - 33　桩架支墩

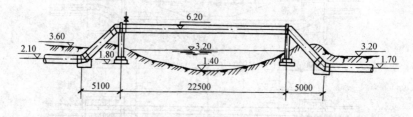

图 6 - 34　岸边支墩

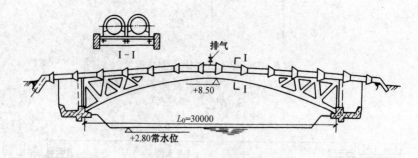

图 6 - 35　双曲拱桁架过河

四、穿越铁路

管道穿越铁路时，都要设防护套管，并采用顶管法先将套管顶过铁路，然后在套管内敷设给水管道，套管多使用钢筋混凝土管。图 6 - 38 为设有防护套管的穿越铁路管道敷设施工图。

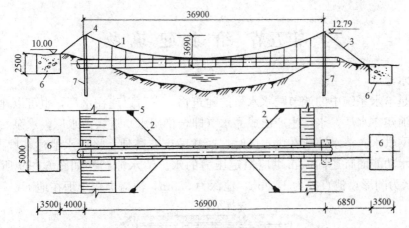

图 6-36 悬索桁架过河

1—主缆；2—抗风缆；3—拉缆；4—索鞍；5—螺栓；6—锚墩；7—混凝土桩

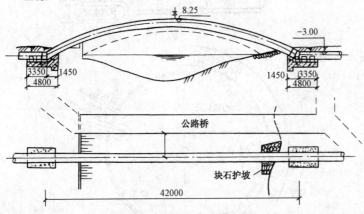

图 6-37 管自身成拱过河

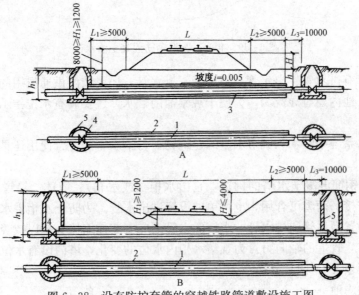

图 6-38 设有防护套管的穿越铁路管道敷设施工图

A—填土路基；B—有路堑路基

1—钢管；2—钢筋混凝土套管；3—托架；4—阀门；5—阀门井

第五节 给水建筑物

一、清水池

清水池是给水系统中的调节贮水水量的建筑物，它可以建在水厂，也可以建在城市供水区内。清水池建在水厂，水厂生产出成品水（即合格用水）进入清水厂，水泵站自清水池取水向城市管网供水。清水池建在供水区时，通常城市有高地，将清水池建在城市地形高处，不但具有贮水功能而且还向城市供应恒定压力的水。清水池结构如图6-39所示，容积为400m³，形状为圆形，池直径为12.6m，池深为3.5m，池盖上覆土埋在地下。

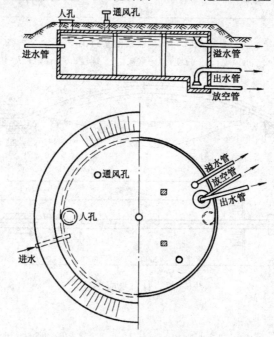

图6-39 400m³ 圆形钢筋混凝土清水池

清水池配管有进水管、出水管、溢水管、排水管，还要装配供通风用的通气孔。为避免池内水流短流，池内建有导流墙。为便于观察池内贮水，还要装有水位指示装置。

二、水塔

水塔是给水系统中贮水和调节水量的建筑物，与给水管网配合使用还具有向管网恒压供水的功能。

图6-40为钢筋混凝土水塔的构造，它由水柜（或水箱）、塔体、箱道和基础组成。进出水管和管网连接，两者可合用，也可单独设置进出水管。为防止水柜溢水并便于检修时放空柜内存水，设置溢水管和排水管。水塔的立管上应安装伸缩接头，以减轻因温度变化或水塔下沉时作用在立管上的轴向力。为观察水柜内水位的变化，塔内设水位观测装置。在寒冷的地区，水柜还要有保温措施。

三、普通快滤池

滤池是完成水的过滤处理的建筑物，水通过过滤处理得到澄清。

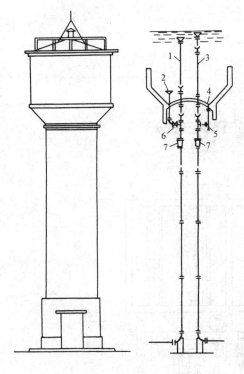

图 6-40　钢筋混凝土水塔

1—进水管；2—出水管；3—溢流管；

4—排污管；5—排污阀门；6—逆止阀；

7—伸缩

普通快滤池工作原理如图 6-41 所示，沉淀池出水由进水管，经集水槽和洗砂排水槽流入滤池，通过石英砂滤料层过滤，过滤后清水经级配卵石承托层、排水系统和清水管流至清水池。滤池工作一段时间，滤池内截留污泥过多后，滤后水质不再符合要求，此时应使滤池停止过滤，进行滤池反冲洗。从过滤开始到停止生产进行反冲洗之间的过滤时间一般为 8～12h。反冲洗用滤后清水，由冲洗水箱或冲洗水泵汲取清水池中清水供给。冲洗水经均匀布水的排水系统和卵石承托层后冲洗砂层，使砂层膨胀，将污泥从砂粒上冲洗下来，随水流上升，通过洗砂排水槽和集水槽，由排水管排至下水道。冲洗时间为 5～6min，冲洗完毕后，滤池可以开始重新工作。

图 6-42 为普通快滤池标准图。池体为钢筋混凝土结构，配管和管件系统全部采用铸铁管，管接口全部为青铅接口。

先看池内构造，从平面图上看，最上为每一单池中有两条洗砂排水槽，槽下依次为石英砂滤料、级配卵石（砾石）承托层，排水主管及 22 根排水支管均埋在卵石层内。池内卵石承托层填厚为 650mm，石英砂填厚为 700mm。

再看配管系统，图中，沉淀后水经公称直径为 400mm 的总进水管再经每个单池进水支管 1，最后进入滤池，滤后清水经池内集水管流出滤池，经清水支管 2 汇集到公称直径为 400mm 的清水总管流入清水池。反冲洗水自公称直径为 300mm 的冲洗水管经单池冲洗管 3 进入池内，通过滤池上升至洗砂排水槽、集水渠，进入排水管 4，汇入公称直径为 500mm 的总排水管排入下水道。每个单池上有进水阀门、清水阀门、反冲洗阀门、排水阀门。施工时，要使进水管和清水管中心标高均为－0.70m，反冲洗管中心标高为±0.40m；然后，再读准确每条管道平面之间的间距，确保安装准确无误。

四、无阀滤池

普通快滤池由四个阀门操纵，运行管理比较复杂。无阀滤池则没有阀门，全部运行过程能自动完成。

图 6-43 为无阀滤池运行示意图。当滤池截留污泥过多时，池内阻力会加大，则虹吸上升管水位升高至虹吸辅助管排水。此时，使虹吸上升管形成真空，滤池内的水迅速通过虹吸排水管排出，滤池内为负压。清水区水面直接与大气接触，此时清水区的水自滤池底进入滤池，自下而上对滤料进行反冲洗。此时，进水与反冲洗水一起通过虹吸排水管排走。当清水区水位下降，超过

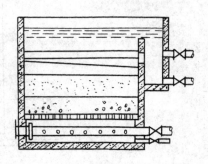

图 6-41　普通快滤池工作原理

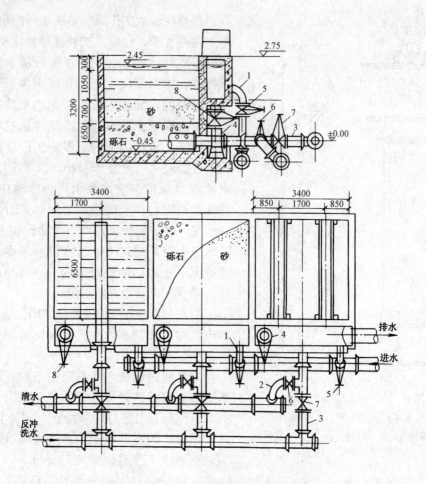

图 6-42　普通快滤池标准图

1—进水支管；2—清水支管；3—反冲洗支管；4—排水管；5—进水阀门；

6—清水阀门；7—反冲洗阀门；8—排水阀门

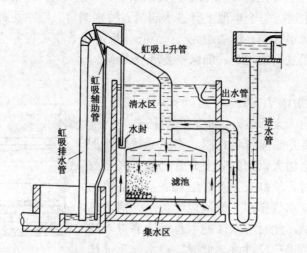

图 6-43　无阀滤池运行示意图

虹吸破坏水封时，虹吸被破坏，反冲洗停止，滤池又重新按图中箭头方向开始过滤。图 6-44 为无阀滤池标准图。滤池管道系统全部为钢筋焊接和法兰连接，接口要求严密。施工中严格按标高安装管道系统，管道防腐处理要细致。

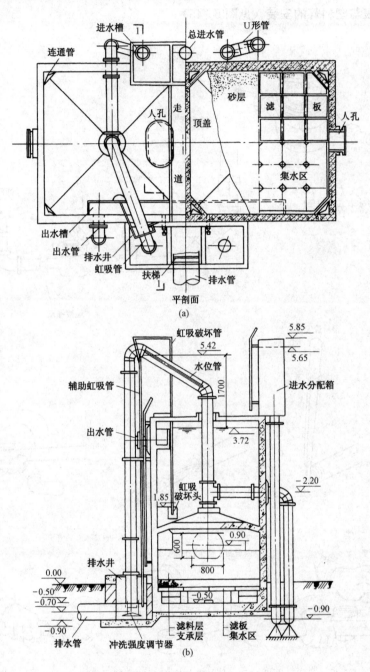

图 6-44　240m³/h 无阀滤池标准图

第六节 给排水施工做法

一、小水表与塑料管的安装（见图6-45）

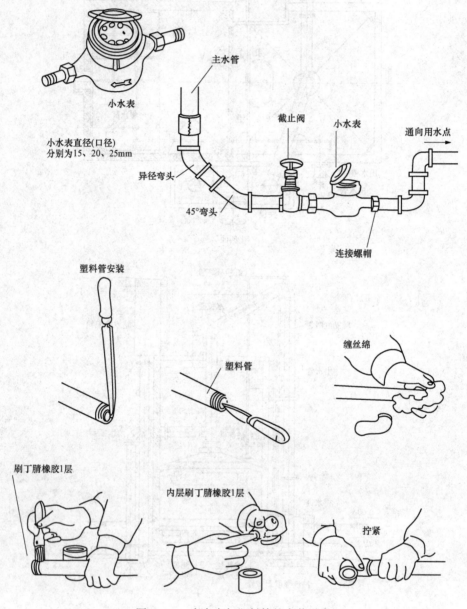

图6-45 小水表与塑料管的安装示意

86

二、淋浴喷头转流器更换密封圈（见图 6 - 46）

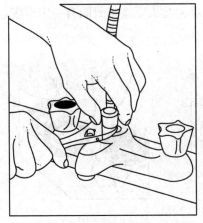

(1) 拧出套盖螺母

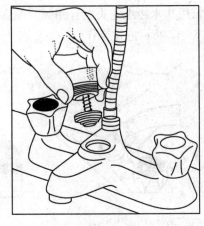

(2) 拔出转流器

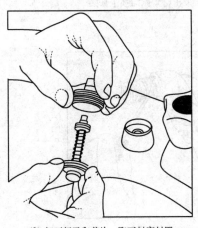

(3) 卸下杆子和盖片，取下封密封圈

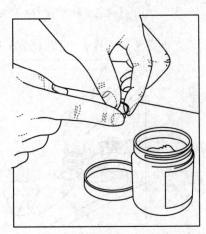

(4) 取出新圈用凡士林涂抹

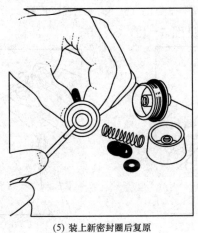

(5) 装上新密封圈后复原

图 6 - 46　淋浴喷头转换器更换密封圈方法

三、更换龙头密封圈

1. 更换用弹簧圈固定的旋转龙头

家用热水冷水龙头中有用弹簧圈固定的旋转龙头，这种龙头更换密封圈有一定难度，可按图6-47所示进行操作。

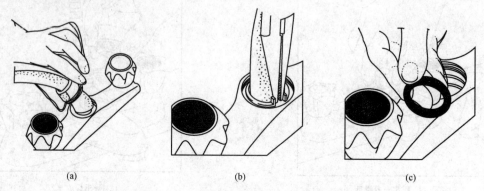

　　　　　(a)　　　　　　　　　　　(b)　　　　　　　　　　(c)

图6-47　更换弹簧圈固定的旋转龙头示意
（a）把罩圈拧出；（b）用尖嘴钳取出弹簧圈；（c）取出密封圈后换上新圈

2. 旋转式龙头更换密封圈（见图6-48）

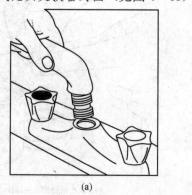 

　　　　　(a)　　　　　　　　　　　　　　　(b)

图6-48　旋转式龙头更换密封圈示意
（a）拧下龙头；（b）取下密封圈后更新

3. 帽罩式龙头更换密封圈（见图6-49）

 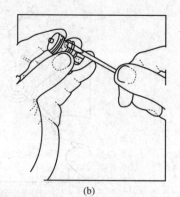

　　　　　(a)　　　　　　　　　　　　　　　(b)

图6-49　帽罩式龙头更换密封圈示意
（a）取出垫圈组件；（b）换上新的密封圈

四、修理破裂自来水管

家中水管破裂可采取临时补救的办法，见图6-50。关上水管闸门，用塑料止水胶带绑上，在外侧绑上加强胶带，2h后恢复通水，并通知水暖工彻底修理。

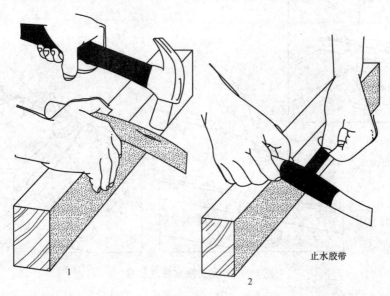

图6-50 水管破裂临时修理方法示意

五、修理龙头（一）

1. 手柄附近漏水（见图6-51）

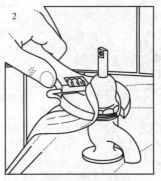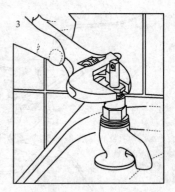

图6-51 手柄附近漏水修理示意

拧开螺钉，卸下手柄，放出罩子，更换垫圈。

2. 龙头漏水的修理

如果漏水不严重，就可以利用毛线作密封材料，在手柄处加毛线堵漏，见图6-52。

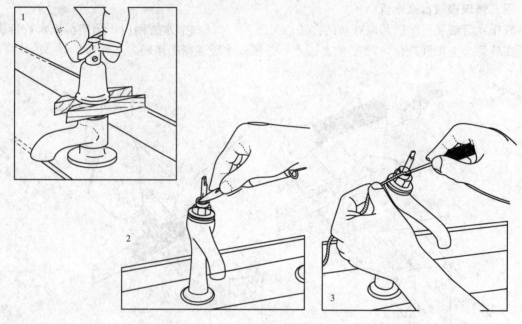

图 6 - 52　龙头漏水修理示意

六、修理龙头（二）

1. 修理滴水的龙头

先截断龙头的水源，旋开龙头放水换装新垫圈后，再安装回去，最后开启总阀，见图6 -53。

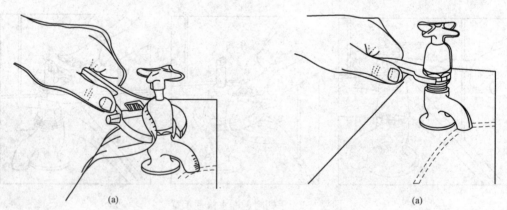

图 6 - 53　修理滴水的龙头示意

2. 弹簧水龙头

现在有一种使用颇方便的弹簧龙头，更换垫圈水必截断水源，龙头卸下，逆止阀便闭合，断水，见图6 - 54。

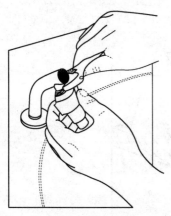

(1) 拧松龙头嘴上方的螺母

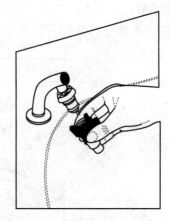

(2) 旋开龙头

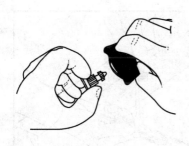

(3) 把龙头嘴倒过来顿几下，倒出防喷装置

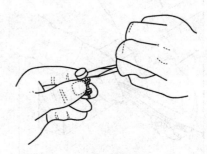

(4) 将垫圈组件撬出

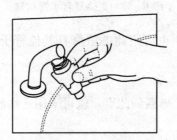

(5) 把新的组件装进去，将龙头拧紧

图 6-54　弹簧水龙头维修示意

七、更换水管

1. 更换复合水管（见图 6-55）

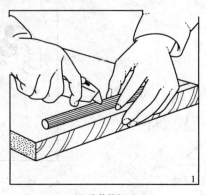

(1) 取软管切开

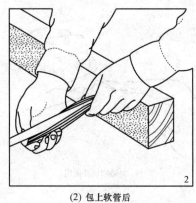

(2) 包上软管后

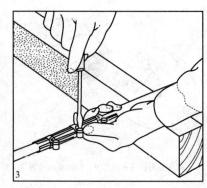

(3) 用紧固扣拧紧

图 6-55　更换复合水管示意

用软塑料管修补自来水管，也可用此方法修补其他管子的破裂，这只是一种救急的办法，过后还应请专门工人检修。

2. 修补钉破的铜管

有时不小心将铜水管钉破，如遇到此事，就可采用止水胶带或塑料软管应急修补，见图 6-56。

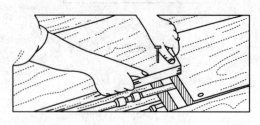

图 6-56　修补水管示意

八、疏通洗池或浴缸下水管（见图 6 - 57）

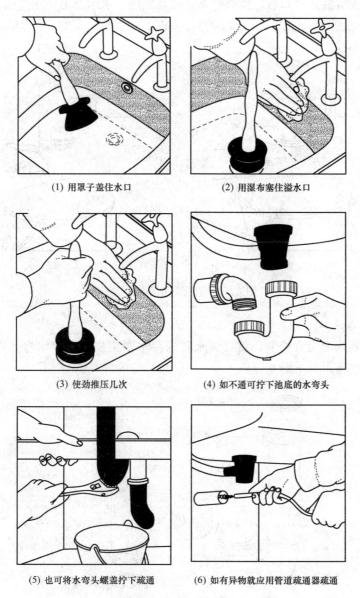

(1) 用罩子盖住水口　　　　(2) 用湿布塞住溢水口

(3) 使劲推压几次　　　　(4) 如不通可拧下池底的水弯头

(5) 也可将水弯头螺盖拧下疏通　　(6) 如有异物就应用管道疏通器疏通

图 6 - 57　疏通洗池或浴缸下水管示意

九、疏通洗池直管下水和更换洗池存水弯

1. 疏通洗池下水

新式洗池下设有筒式存水管，能够拧下，疏通洗池下水示意见图6-58。

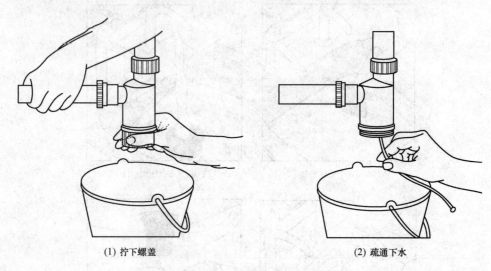

(1) 拧下螺盖　　　　　　　　　　(2) 疏通下水

图6-58　疏通洗池下水示意

2. 更换洗池存水弯

如存水弯因漏水而无法修复，就可买来新的存水弯更换旧的存水弯，以解决漏水的问题。更换洗池存水弯示意见图6-59。

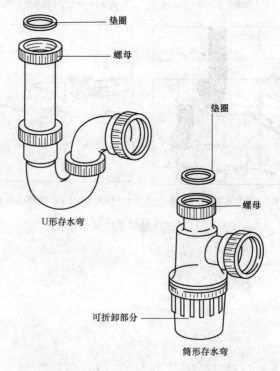

图6-59　更换洗池存水弯示意

十、抽水马桶漏水修理

抽水马桶漏水说明控制水箱的浮球阀可能要更新垫圈，或是污垢阻碍浮球阀完全闭合，需拆下浮球修理，见图 6-60。

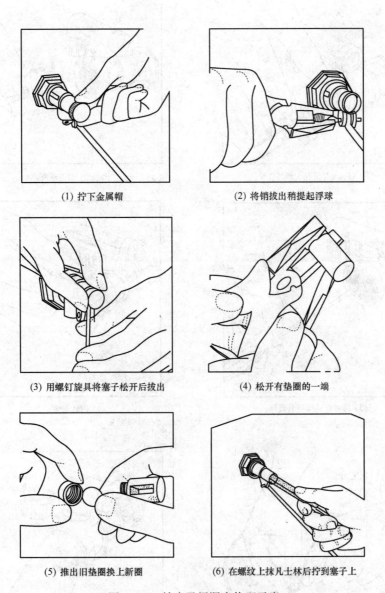

(1) 拧下金属帽

(2) 将销拔出稍提起浮球

(3) 用螺钉旋具将塞子松开后拔出

(4) 松开有垫圈的一端

(5) 推出旧垫圈换上新圈

(6) 在螺纹上抹凡士林后拧到塞子上

图 6-60 抽水马桶漏水修理示意

十一、修理抽水马桶片阀

抽水马桶的片阀漏水，可通过更换膜片来解决，见图6-61。

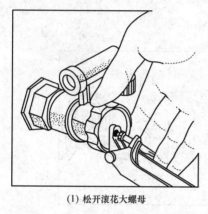

(1) 松开滚花大螺母

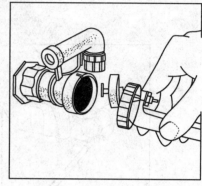

(2) 取下连杆

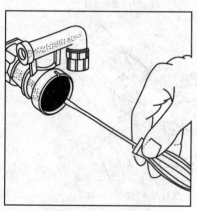

(3) 用螺钉旋具挑出膜片

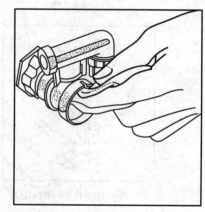

(4) 用软布擦干净

(5) 用肥皂水清洗膜片，
如膜片坏了就要更换新膜片

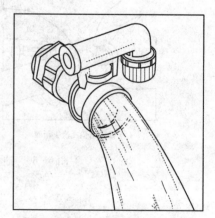

(6) 放水几秒钟，冲掉管内的污物，
装下膜片后复原

图6-61 修理抽水马桶片阀示意

十二、抽水马桶水箱的修理

在浮球阀修理妥当前，可用简易的方法制止溢流，要用水箱时，可解开绳子，见图 6-62。

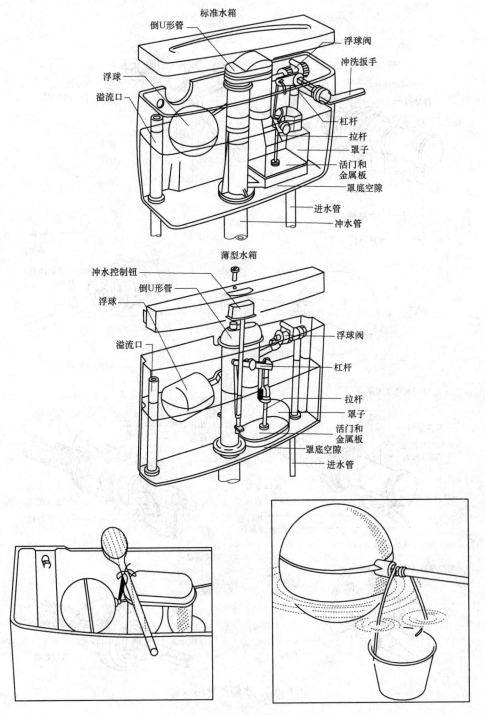

消除水管噪声，浮球可用塑料罐和钢丝固定下来，塑料罐两侧穿孔后，用钢丝连接浮球杆。

图 6-62 抽水马桶水箱修理示意

十三、水箱浮球阀（见图 6 - 63）

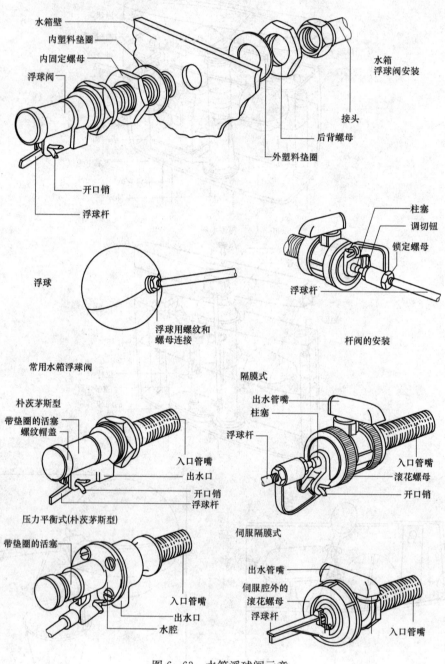

水箱壁
内塑料垫圈
内固定螺母
浮球阀

水箱浮球阀安装

接头
后背螺母
外塑料垫圈

开口销
浮球杆

浮球

浮球用螺纹和螺母连接

柱塞
调切钮
锁定螺母
浮球杆

杆阀的安装

常用水箱浮球阀

朴茨茅斯型
带垫圈的活塞
螺纹帽盖

入口管嘴
出水口
开口销
浮球杆

隔膜式
出水管嘴
柱塞
浮球杆

入口管嘴
滚花螺母
开口销

压力平衡式(朴茨茅斯型)
带垫圈的活塞

入口管嘴
出水口
水腔

伺服隔膜式
出水管嘴
伺服腔外的滚花螺母
浮球杆

入口管嘴

图 6 - 63　水箱浮球阀示意

十四、水箱水管接头（见图 6-64）

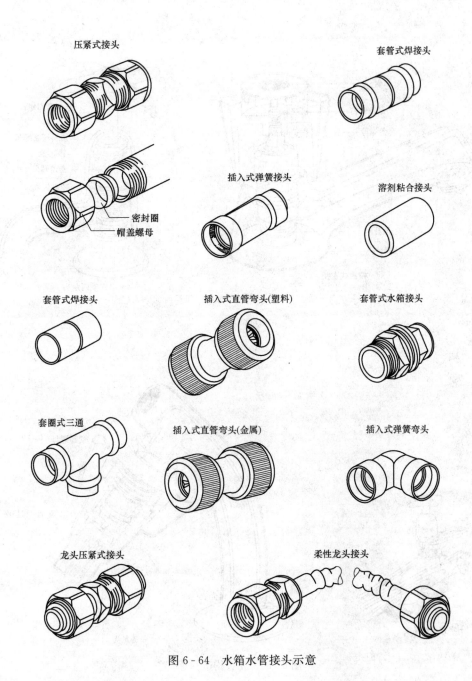

压紧式接头

套管式焊接头

密封圈

帽盖螺母

插入式弹簧接头

溶剂粘合接头

套管式焊接头

插入式直管弯头(塑料)

套管式水箱接头

套圈式三通

插入式直管弯头(金属)

插入式弹簧弯头

龙头压紧式接头

柔性龙头接头

图 6-64　水箱水管接头示意

十五、龙头的构造（见图 6-65）

如龙头拧不开，就可按图示方法试一试。

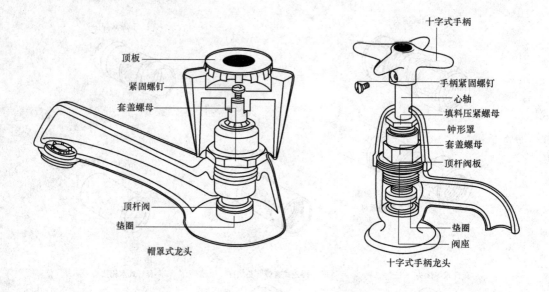

顶板
紧固螺钉
套盖螺母

顶杆阀
垫圈

帽罩式龙头

十字式手柄
手柄紧固螺钉
心轴
填料压紧螺母
钟形罩
套盖螺母
顶杆阀板

垫圈
阀座

十字式手柄龙头

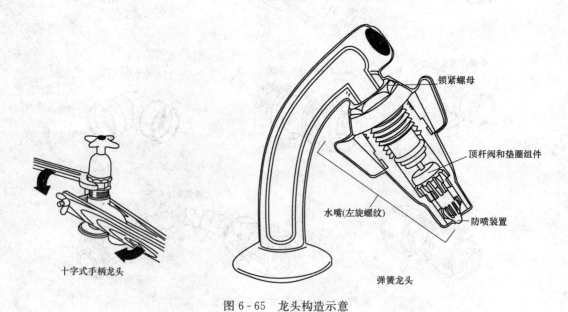

十字式手柄龙头

锁紧螺母

顶杆阀和垫圈组件

水嘴(左旋螺纹)

防喷装置

弹簧龙头

图 6-65 龙头构造示意

十六、洗盆与女用净身盆（见图 6-66）

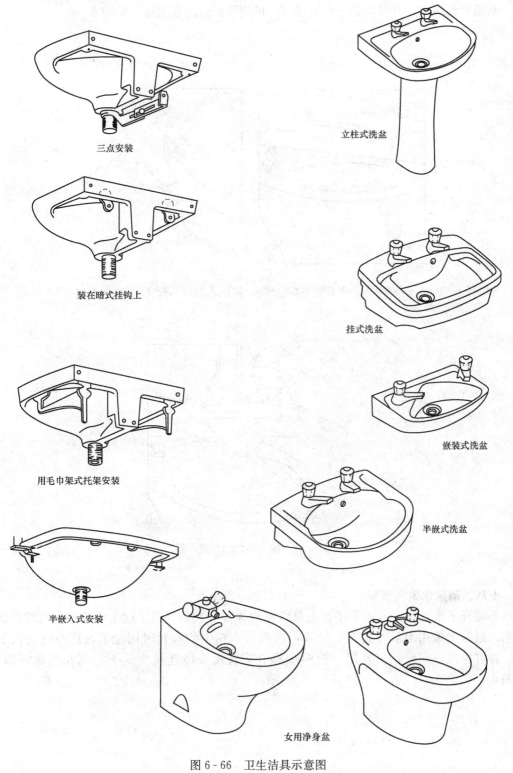

三点安装

立柱式洗盆

装在暗式挂钩上

挂式洗盆

嵌装式洗盆

用毛巾架式托架安装

半嵌式洗盆

半嵌入式安装

女用净身盆

图 6-66　卫生洁具示意图

十七、抽水马桶的疏通

马桶冲水缓慢，有可能是下水道堵塞，可用管道疏通器疏通，见图 6 - 67。

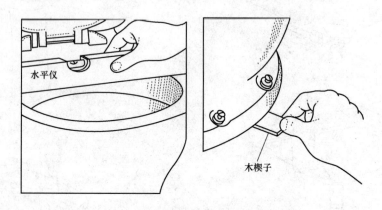

马桶冲不干净的原因有：水箱缺水、马桶不平、浅水孔堵塞等。如马桶不平，就可用水平仪测量后并用木楔子找平。

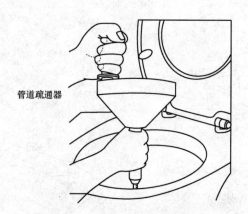

图 6 - 67　抽水马桶的疏通示意

十八、消除水龙头气塞

有时开了水龙头，水流很小，会嘶嘶作响并含有大量气泡，这是空气进入水管造成的气塞。通常大量用水后，会发生气塞，原因是水箱中的水暂时用光了，让空气进入了水管。要解决这一问题，只要用一根两端都有旋转接头能连接水龙头的浇花用软管即可，见图 6 - 68。

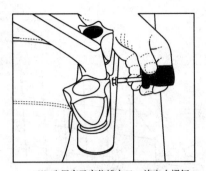

(1) 先用塞子塞住排水口，旋出小螺钉

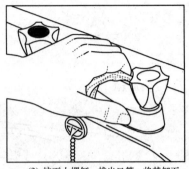

(2) 拧下小螺钉，拔出口管，将其卸下

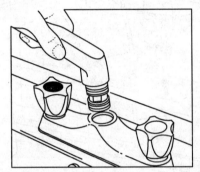

(3) 拿抹布按紧出口安装孔，先开热水龙头，后开冷水龙头

图 6-68　消除水龙头气塞示意

十九、水箱水管防冻

在水箱和水管处加保暖材料包扎，再用胶带贴好。保暖材料可用泡沫塑料。

水箱应有盖，上面铺保暖材料，如上面有膨胀管，就在盖上钻一个洞，装上塑料漏斗承接膨胀管涌出的水，见图 6-69。

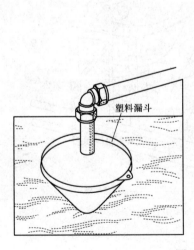

塑料漏斗

图 6-69　水箱水管防冻措施

二十、双盆安装的管道连接 (见图 6-70)

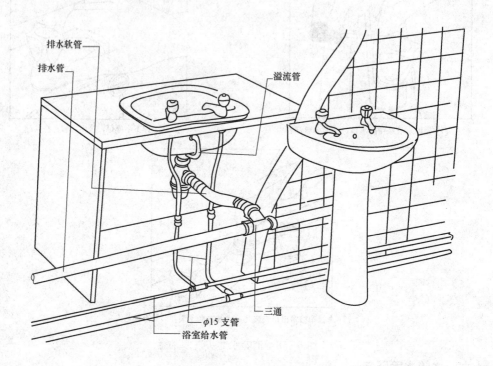

排水软管
排水管
溢流管
φ15 支管
浴室给水管
三通

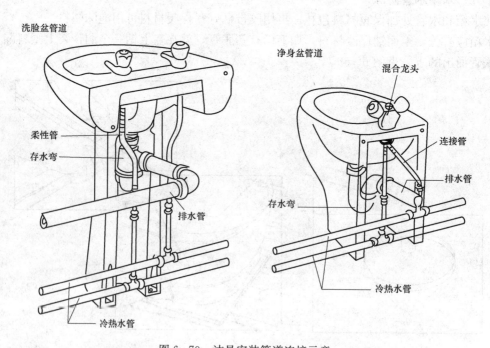

洗脸盆管道
柔性管
存水弯
排水管
冷热水管

净身盆管道
混合龙头
连接管
排水管
存水弯
冷热水管

图 6-70 洁具安装管道连接示意

国家标准《建筑给水排水制图标准》GB/T 50106—2010 节录

2 基 本 规 定

2.1 图 线

2.1.1 图线的宽度 b，应根据图纸的类型、比例和复杂程度，按现行国家标准《房屋建筑制图统一标准》GB/T 50001 中的规定选用。线宽 b 宜为 0.7mm 或 1.0mm。

2.1.2 建筑给水排水专业制图，常用的各种线型宜符合表 2.1.2 的规定。

表 2.1.2　　　　　　　　　　　　　　线　　　型

名　称	线　型	线宽	用　途
粗实线	——————	b	新设计的各种排水和其他重力流管线
粗虚线	- - - - - - -	b	新设计的各种排水和其他重力流管线的不可见轮廓线
中粗实线	——————	$0.7b$	新设计的各种给水和其他压力流管线；原有的各种排水和其他重力流管线
中粗虚线	- - - - - -	$0.7b$	新设计的各种给水和其他压力流管线及原有的各种排水和其他重力流管线的不可见轮廓线
中实线	——————	$0.5b$	给水排水设备、零（附）件的可见轮廓线；总图中新建的建筑物和构筑物的可见轮廓线；原有的各种给水和其他压力流管线
中虚线	- - - - - -	$0.5b$	给水排水设备、零（附）件的不可见轮廓线；总图中新建的建筑物和构筑物的不可见轮廓线；原有的各种给水和其他压力流管线的不可见轮廓线
细实线	——————	$0.25b$	建筑的可见轮廓线；总图中原有的建筑物和构筑物的可见轮廓线；制图中的各种标注线
细虚线	- - - - - -	$0.25b$	建筑的不可见轮廓线；总图中原有的建筑物和构筑物的不可见轮廓线
单点长画线	—·——·——	$0.25b$	中心线、定位轴线
折断线	——／∨——	$0.25b$	断开界线
波浪线	∼∼∼∼∼	$0.25b$	平面图中水面线；局部构造层次范围线；保温范围示意线

2.2 比 例

2.2.1 建筑给水排水专业制图常用的比例，宜符合表 2.2.1 的规定。

表 2.2.1　　　　　　　　　　　**常　用　比　例**

名　　称	比　　例	备　　注
区域规划图 区域位置图	1：50 000、1：25 000、1：10 000、1：5000、1：2000	宜与总图专业一致
总平面图	1：1000、1：500、1：300	宜与总图专业一致
管道纵断面图	竖向 1：200、1：100、1：50 纵向 1：1000、1：500、1：300	—
水处理厂（站）平面图	1：500、1：200、1：100	—
水处理构筑物、设备间、卫生间，泵房平、剖面图	1：100、1：50、1：40、1：30	—
建筑给水排水平面图	1：200、1：150、1：100	宜与建筑专业一致
建筑给水排水轴测图	1：150、1：100、1：50	宜与相应图纸一致
详图	1：50、1：30、1：20、1：10 1：5、1：2、1：1、2：1	—

2.2.2　在管道纵断面图中，竖向与纵向可采用不同的组合比例。

2.2.3　在建筑给水排水轴测系统图中，如局部表达有困难时，该处可不按比例绘制。

2.2.4　水处理工艺流程断面图和建筑给水排水管道展开系统图可不按比例绘制。

2.3　标　　高

2.3.1　标高符号及一般标注方法应符合现行国家标准《房屋建筑制图统一标准》GB/T 50001 的规定。

2.3.2　室内工程应标注相对标高；室外工程宜标注绝对标高，当无绝对标高资料时，可标注相对标高，但应与总图专业一致。

2.3.3　压力管道应标注管中心标高；重力流管道和沟渠宜标注管（沟）内底标局。标局单位以 m 计时，可注写到小数点后第二位。

2.3.4　在下列部位应标注标高：

1　沟渠和重力流管道：

1)　建筑物内应标注起点、变径（尺寸）点、变坡点、穿外墙及剪力墙处；

2)　需控制标高处；

3)　小区内管道按本标准第 4.4.3 条或第 4.4.4 条、第 4.4.5 条的规定执行；

2　压力流管道中的标高控制点；

3　管道穿外墙、剪力墙和构筑物的壁及底板等处；

4　不同水位线处；

5　建（构）筑物中土建部分的相关标高。

2.3.5　标高的标注方法应符合下列规定：

1　平面图中，管道标高应按图 2.3.5-1 的方式标注。

2　平面图中，沟渠标高应按图 2.3.5-2 的方式标注。

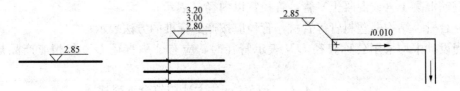

图 2.3.5-1　平面图中管道标高标注法　　　图 2.3.5-2　平面图中沟渠标高标注法

3　剖面图中，管道及水位的标高应按图 2.3.5-3 的方式标注。

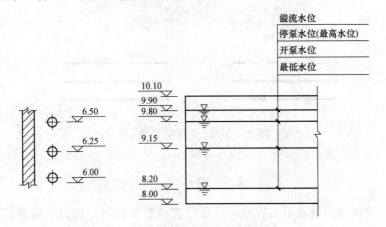

图 2.3.5-3　剖面图中管道及水位标高标注法

4　轴测图中，管道标高应按图 2.3.5-4 的方式标注。

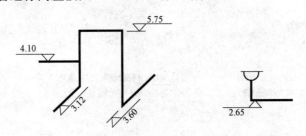

图 2.3.5-4　轴测图中管道标高标注法

2.3.6　建筑物内的管道也可按本层建筑地面的标高加管道安装。
高度的方式标注管道标高，标注方法应为 $H+\times.\times\times$，H 表示本层建筑地面标高。

2.4　管　径

2.4.1　管径的单位应为 mm。

2.4.2　管径的表达方法应符合下列规定：

1　水煤气输送钢管（镀锌或非镀锌）、铸铁管等管材，管径宜以公称直径 DN 表示；

2　无缝钢管、焊接钢管（直缝或螺旋缝）等管材，管径宜以外径 $D\times$壁厚表示；

3　铜管、薄壁不锈钢管等管材，管径宜以公称外径 Dw 表示；

4　建筑给水排水塑料管材，管径宜以公称外径 dn 表示；

5 钢筋混凝土（或混凝土）管，管径宜以内径 d 表示；

6 复合管、结构壁塑料管等管材，管径应按产品标准的方法表示；

7 当设计中均采用公称直径 DN 表示管径时，应有公称直径 DN 与相应产品规格对照表。

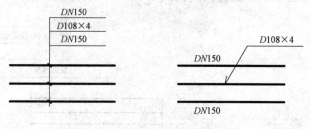

图 2.4.3-1　单管管径表示法

2.4.3 管径的标注方法应符合下列规定：

1 单根管道时，管径应按图 2.4.3-1 的方式标注；

2 多根管道时，管径应按图 2.4.3-2 的方式标注。

图 2.4.3-2　多管管径表示法

2.5　编　　号

2.5.1 当建筑物的给水引入管或排水排出管的数量超过一根时，应进行编号，编号宜按图 2.5.1 的方法表示。

2.5.2 建筑物内穿越楼层的立管，其数量超过一根时，应进行编号宜按图 2.5.2 的方法表示。

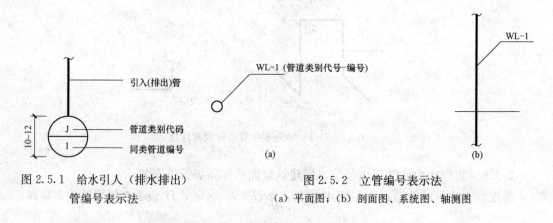

图 2.5.1　给水引入（排水排出）
管编号表示法

图 2.5.2　立管编号表示法
（a）平面图；（b）剖面图、系统图、轴测图

2.5.3 在总图中，当同种给水排水附属构筑物的数量超过一个时，应进行编号，并应符合下列规定：

1 编号方法应采用构筑物代号加编号表示；

2 给水构筑物的编号顺序宜为从水源到干管，再从干管到支管，最后到用户；

3 排水构筑物的编号顺序宜为从上游到下游，先干管后支管。

2.5.4 当给水排水工程的机电设备数量超过一台时，宜进行编号，并应有设备编号与设备名称对照表。

3 图 例

3.0.1 管道类别应以汉语拼音字母表示,管道图例宜符合表 3.0.1 的要求。

表 3.0.1　　　　　　　　　管　　道

序号	名　　称	图　　例	备　　注
1	生活给水管	——— J ———	—
2	热水给水管	——— RJ ———	—
3	热水回水管	——— RH ———	—
4	中水给水管	——— ZJ ———	—
5	循环冷却给水管	——— XJ ———	—
6	循环冷却回水管	——— XH ———	—
7	热煤给水管	——— RM ———	—
8	热煤回水管	——— RMH ———	—
9	蒸汽管	——— Z ———	—
10	凝结水管	——— N ———	—
11	废水管	——— F ———	可与中水原水管合用
12	压力废水管	——— YF ———	—
13	通气管	——— T ———	—
14	污水管	——— W ———	—
15	压力污水管	——— YW ———	—
16	雨水管	——— Y ———	—
17	压力雨水管	——— YY ———	—
18	虹吸雨水管	——— HY ———	—
19	膨胀管	——— PZ ———	—
20	保温管	~~~~~~~	也可用文字说明保温范围
21	伴热管	- - - - -	也可用文字说明保温范围
22	多孔管	米米米	—
23	地沟管	- - - - -	—
24	防护套管	▭	—
25	管道立管	XL-1 （平面）　　XL-1 （系统）	X 为管道类别 L 为立管 1 为编号
26	空调凝结水管	——— KN ———	—
27	排水明沟	坡向 ——→	—
28	排水暗沟	坡向 - - -→	—

注　1　分区管道用加注角标方式表示;
　　2　原有管线可用比同类型的新设管线细一级的线型表示,并加斜线,拆除管线则加叉线。

3.0.2 管道附件的图例宜符合表 3.0.2 的要求。

表 3.0.2 　　　　　　　　　　管 道 附 件

序号	名　　　称	图　　　例	备　　注
1	管道伸缩器		—
2	方形伸缩器		—
3	刚性防水套管		—
4	柔性防水套管		—
5	波纹管		—
6	可曲挠橡胶接头	单球　　　双球	—
7	管道固定支架		—
8	立管检查口		—
9	清扫口	平面　　　系统	—
10	通气帽	成品　　蘑菇形	—
11	雨水斗	YD— 　　 YD— 平面　　系统	—
12	排水漏斗	平面　　系统	—
13	圆形地漏	平面　　系统	通用。如无水封,地漏应加存水弯
14	方形地漏	平面　　系统	—
15	自动冲洗水箱		—
16	挡墩		—

序号	名　　称	图　　例	备　　注
17	减压孔板		—
18	Y形除污器		—
19	毛发聚集器	平面　　系统	—
20	倒流防止器		—
21	吸气阀		—
22	真空破坏器		—
23	防虫网罩		—
24	金属软管		

3.0.3 管道连接的图例宜符合表3.0.3的要求。

表 3.0.3　　　　　　　　　　管　道　连　接

序号	名　　称	图　　例	备　　注
1	法兰连接		—
2	承插连接		—
3	活接头		—
4	管堵		—
5	法兰堵盖		—
6	盲板		—
7	弯折管	高　低　　低　高	—
8	管道丁字上接	高 低	—
9	管道丁字下接	高 低	—
10	管道交叉	低 高	在下面和后面的管道应断开

3.0.4 管件的图例宜符合表3.0.4的要求。

表 3.0.4 管 件

序号	名 称	图 例	序号	名 称	图 例
1	偏心异径管		8	90°弯头	
2	同心异径管	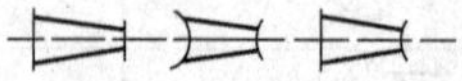	9	正三通	
3	乙字管		10	TY 三通	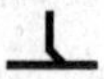
4	喇叭口	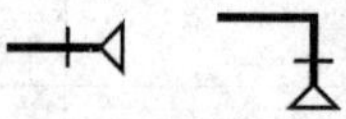	11	斜三通	
5	转动接头	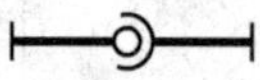	12	正四通	
6	S形存水弯	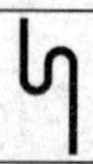	13	斜四通	
7	P形存水弯	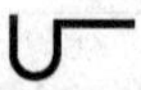	14	浴盆排水管	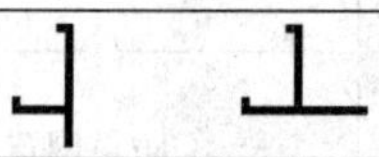

3.0.5 阀门的图例宜符合表 3.0.5 的要求。

表 3.0.5 阀 门

序号	名 称	图 例	备 注
1	闸阀		—
2	角阀		—
3	三通阀		—
4	四通阀	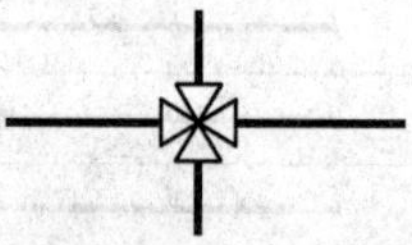	—
5	截止阀		—
6	蝶阀		—
7	电动闸阀		—
8	液动闸阀	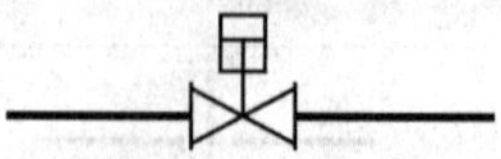	—
9	气动闸阀	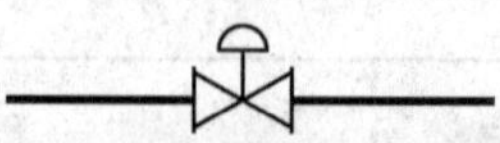	—

序号	名　　称	图　　例	备　　注
10	电动蝶阀		—
11	液动蝶阀		—
12	气动蝶阀		—
13	减压阀		左侧为高压端
14	旋塞阀	平面　　　系统	—
15	底阀	平面　　　系统	—
16	球阀		—
17	隔膜阀		—
18	气开隔膜阀		—
19	气闭隔膜阀		—
20	电动隔膜阀		—
21	温度调节阀		—
22	压力调节阀		—
23	电磁阀		—
24	止回阀		—
25	消声止回阀		—
26	持压阀		—
27	泄压阀		—

序号	名　称	图　例	备　注
28	弹簧安全阀		左侧为通用
29	平衡锤安全阀		—
30	自动排气阀	平面　系统	
31	浮球阀	平面　系统	
32	水力液位控制阀	平面　系统	
33	延时自闭冲洗阀		—
34	感应式冲洗阀		—
35	吸水喇叭口	平面　系统	
36	疏水器		—

3.0.6　给水配件的图例宜符合表 3.0.6 的要求。

表 3.0.6　　　　　给　水　配　件

序号	名　称	图　例	序号	名　称	图　例
1	水嘴	平面　系统	6	脚踏开关水嘴	
2	皮带水嘴	平面　系统	7	混合水嘴	
3	洒水（栓）水嘴		8	旋转水嘴	
4	化验水嘴		9	浴盆带喷头混合水嘴	
5	肘式水嘴		10	蹲便器脚踏开关	

3.0.7 消防设施的图例宜符合表 3.0.7 的要求。

表 3.0.7 消防设施

序号	名　　称	图　　例	备　　注
1	消火栓给水管	——— XH ———	—
2	自动喷水灭火给水管	——— ZP ———	—
3	雨淋灭火给水管	——— YL ———	—
4	水幕灭火给水管	——— SM ———	—
5	水炮灭火给水管	——— SP ———	—
6	室外消火栓		—
7	室内消火栓（单口）	平面　系统	白色为开启面
8	室内消火栓（双口）	平面　系统	—
9	水泵接合器		—
10	自动喷洒头（开式）	平面　系统	—
11	自动喷洒头（闭式）	平面　系统	下喷
12	自动喷洒头（闭式）	平面　系统	—
13	自动喷洒头（闭式）	平面　系统	—
14	侧墙式自动喷洒头	平面　系统	—
15	水喷雾喷头	平面　系统	—
16	直立型水幕喷头	平面　系统	—
17	下垂型水幕喷头	平面　系统	—

序号	名　称	图　　例	备　注
18	干式报警阀	平面　　系统	—
19	湿式报警阀	平面　　系统	—
20	预作用报警阀	平面　　系统	—
21	雨淋阀	平面　　系统	—
22	信号闸阀		—
23	信号蝶阀		—
24	消防炮	平面　　系统	
25	水流指示器		
26	水力警铃		
27	末端试水装置	平面　　系统	—
28	手提式灭火器		—
29	推车式灭火器		—

注　1　分区管道用加注角标方式表示；
　　2　建筑灭火的设计图例可按现行国家标准《建筑灭火器配置设计规范》GB 50140 的规定确定。

3.0.8　卫生设备及水池的图例宜符合表 3.0.8 的要求。

表 3.0.8 　　　　　　　　　　卫 生 设 备 及 水 池

序号	名　　称	图　　例	备　　注
1	立式洗脸盆		—
2	台式洗脸盆		—
3	挂式洗脸盆		—
4	浴盆		—
5	化验盆、洗涤盆		—
6	厨房洗涤盆		不锈钢制品
7	带沥水板洗涤盆		—
8	盥洗槽		—
9	污水池		—
10	妇女净身盆		—
11	立式小便器		—
12	壁挂式小便器		—
13	蹲式大便器		—
14	坐式大便器		—
15	小便器		—
16	淋浴喷头		—

注　卫生设备图例也可以建筑专业资料图为准。

117

3.0.9 小型给水排水构筑物的图例宜符合表 3.0.9 的要求。

表 3.0.9 小型给水排水构筑物

序号	名 称	图 例	备 注
1	矩形化粪池	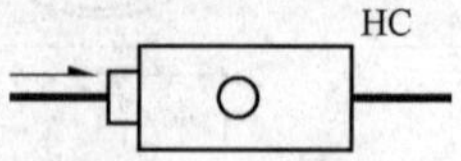 HC	HC 为化粪池
2	隔油池	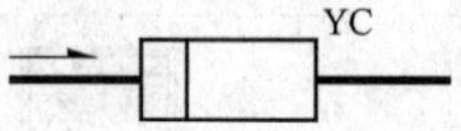 YC	YC 为隔油池代号
3	沉淀池	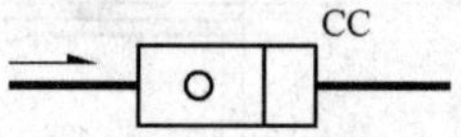 CC	CC 为沉淀池代号
4	降温池	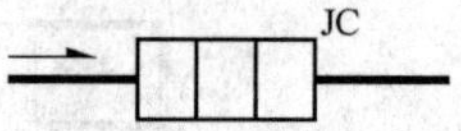 JC	JC 为降温池代号
5	中和池	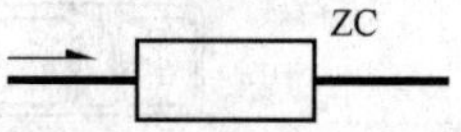 ZC	ZC 为中和池代号
6	雨水口（单算）		—
7	雨水口（双算）		—
8	阀门井及检查井	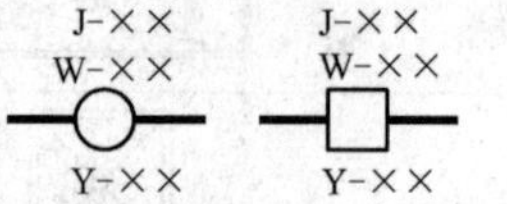 J-×× W-×× Y-×× J-×× W-×× Y-××	以代号区别管道
9	水封井		—
10	跌水井		—
11	水表井		—

3.0.10 给水排水设备的图例宜符合表 3.0.10 的要求。

表 3.0.10 给 水 排 水 设 备

序号	名 称	图 例	备 注
1	卧式水泵	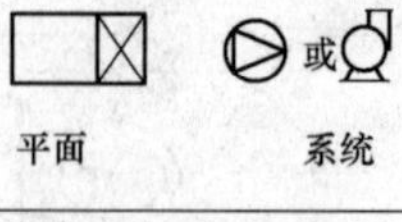 平面　　　系统	—
2	立式水泵	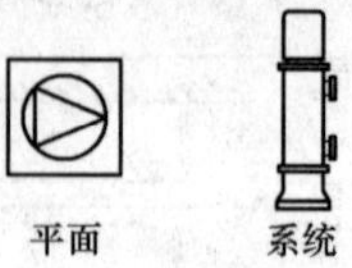 平面　　　系统	—
3	潜水泵		—

序号	名 称	图 例	备 注
4	定量泵		—
5	管道泵		—
6	卧式容积热交换器		—
7	立式容积热交换器		—
8	快速管式热交换器		—
9	板式热交换器		—
10	开水器		—
11	喷射器		小三角为进水端
12	除垢器		—
13	水锤消除器		—
14	搅拌器		—
15	紫外线消毒器	ZWX	—

3.0.11 给水排水专业所用仪表的图例宜符合表 3.0.11 的要求。

表 3.0.11 仪 表

序号	名 称	图 例	备 注
1	温度计		—
2	压力表		—

序号	名　　称	图　　例	备　　注
3	自动记录压力表		—
4	压力控制器		—
5	水表		—
6	自动记录流量表		—
7	转子流量计	平面　　系统	
8	真空表		—
9	温度传感器	----- [T] -----	—
10	压力传感器	----- [P] -----	—
11	pH 传感器	----- [pH] -----	—
12	酸传感器	----- [H] -----	—
13	碱传感器	----- [Na] -----	—
14	余氯传感器	----- [Cl] -----	—

3.0.12 本标准未列出的管道、设备、配件等图例，设计人员可自行编制并作说明，但不得与本标准相关图例重复或混淆。

4 图 样 画 法

4.1 一 般 规 定

4.1.1 图纸幅面规格、字体、符号等均应符合现行国家标准《房屋建筑制图统一标准》GB/T 50001 的有关规定。图样图线、比例、管径、标高和图例等应符合本标准第 2 章和第 3 章的有关规定。

4.1.2 设计应以图样表示，当图样无法表示时可加注文字说明。设计图纸表示的内容应满足相应设计阶段的设计深度要求。

4.1.3 对于设计依据、管道系统划分、施工要求、验收标准等在图样中无法表示的内容，应按下列规定，用文字说明：

1 有关项目的问题，施工图阶段应在首页或次页编写设计施工说明集中说明；

2 图样中的局部问题，应在本张图纸内以附注形式予以说明；

3 文字说明应条理清晰、简明扼要、通俗易懂。

4.1.4 设备和管道的平面布置、剖面图均应符合现行国家标准《房屋建筑制图统一标准》GB/T 50001 的规定，并应按直接正投影法绘制。

4.1.5 工程设计中，本专业的图纸应单独绘制。在同一个工程项目的设计图纸中，所用的图例、术语、图线、字体、符号、绘图表示方式等应一致。

4.1.6 在同一个工程子项目的设计图纸中，所用的图纸幅面规格应一致。如有困难时，其图纸幅面规格不宜超过 2 种。

4.1.7 尺寸的数字和计量单位应符合下列规定：

1 图样中尺寸的数字、排列、布置及标注，应符合现行国家标准《房屋建筑制图统一标准》GB/T 50001 的规定；

2 单体项目平面图、剖面图、详图、放大图、管径等尺寸应以 mm 表示；

3 标高、距离、管长、坐标等应以 m 计，精确度可取至 cm。

4.1.8 标高和管径的标注应符合下列规定：

1 单体建筑：应标注相对标高，并应注明相对标高与绝对标局的换算关系；

2 总平面图应标注绝对标高，宜注明标高体系；

3 压力流管道应标注管道中心；

4 重力流管道应标注管道内底；

5 横管的管径宜标注在管道的上方；竖向管道的管径宜标注在管道的左侧；斜向管道应按现行国家标准《房屋建筑制图统一标准》GB/T 50001 的规定标注。

4.1.9 工程设计图纸中的主要设备器材表的格式，可按图 4.1.9 绘制。

图 4.1.9　主要设备器材表

4.2　图号和图纸编排

4.2.1 设计图纸宜按下列规定进行编号：

1 规划设计阶段宜以水规 - 1、水规 - 2……以此类推表示；

2 初步设计阶段宜以水初 - 1、水初 - 2……以此类推表示；

3 施工图设计阶段宜以水施 - 1、水施 - 2……以此类推表示；

4 单体项目只有一张图纸时，宜采用水初 - 全、水施 - 全表示，并宜在图纸图框线内的右上角标"全部水施图纸均在此页"字样（图 4.2.1）；

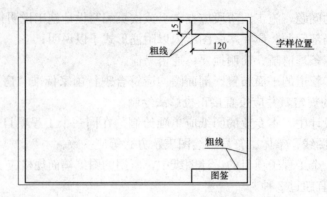

图 4.2.1　只有一张图纸时的右上角字样位置

5　施工图设计阶段，本工程各单体项目通用的统一详图宜以水通-1、水通-2……以此类推表示。

4.2.2　设计图纸宜按下列规定编写目录：

1　初步设计阶段工程设计的图纸目录宜以工程项目为单位进行编写；

2　施工图设计阶段工程设计的图纸目录宜以工程项目的单体项目为单位进行编写；

3　施工图设计阶段，本工程各单体项目共同使用的统一详图宜单独进行编写。

4.2.3　设计图纸宜按下列规定进行排列：

1　图纸目录、使用标准图目录、使用统一详图目录、主要设备器材表、图例和设计施工说明宜在前，设计图样宜在后；

2　图纸目录、使用标准图目录、使用统一详图目录、主要设备器材表、图例和设计施工说明在一张图纸内排列不完时，应按所述内容顺序单独成图和编号；

3　设计图样宜按下列规定进行排列：

1）管道系统图在前，平面图、放大图、剖面图、轴测图、详图依次在后编排；

2）管道展开系统图应按生活给水、生活热水、直饮水、中水、污水、废水、雨水、消防给水等依次编排；

3）平面图中应按地面下各层依次在前，地面上各层由低向高依次编排；

4）水净化（处理）工艺流程断面图在前，水净化（处理）机房（构筑物）平面图、剖面图、放大图、详图依次在后编排；

5）总平面图应按管道布置图在前，管道节点图、阀门井剖面示意图、管道纵断面图或管道高程表、详图依次在后编排。

4.3　图　样　布　置

4.3.1　同一张图纸内绘制多个图样时，宜按下列规定布置：

1　多个平面图时应按建筑层次由低层至高层的、由下而上的顺序布置；

2　既有平面图又有剖面图时，应按平一面图在下，剖面图在上或在右的顺序布置；

3　卫生间放大平面图，应按平面放大图上，从左向右排列，相应的管道轴测图在下，从左向右布置；

4　安装图、详图，宜按索引编号，并宜按从上至下、由左向右的顺序布置；

5 图纸目录、使用标准图目录、设计施工说明、图例、主要设备器材表，按自上而下、从左向右的顺序布置。

4.3.2 每个图样均应在图样下方标注出图名，图名下应绘制一条中粗横线，长度应与图名长度相等，图样比例应标注在图名右下侧横线上侧处。

4.3.3 图样中某些问题需要用文字说明时，应在图面的右下部位用"附注"的形式书写，并应对说明内容分条进行编号。

4.4 总 图

4.4.1 总平面图管道布置应符合下列规定：

1 建筑物和构筑物的名称、外形、编号、坐标、道路形状、比例和图样方向等，应与总图专业图纸一致，但所用图线应符合本标准第 2.1 节的规定。

2 给水、排水、热水、消防、雨水和中水等管道宜绘制在一张图纸内。

3 当管道种类较多，地形复杂，在同一张图纸内将全部管道表示不清楚时，宜按压力流管道、重力流管道等分类适当分开绘制。

4 各类管道、阀门井、消火栓（井）、水泵接合器、洒水栓井、检查井、跌水井、雨水口、化粪池、隔油池、降温池、水表井等，应按本标准第 2 章和 3 章规定的图例、图线等进行绘制，并按本标准第 2.5.3 条的规定进行编号。

5 坐标标注方法应符合下列规定：

1）以绝对坐标定位时，应对管道起点处、转弯处和终点处的阀门井、检查井等的中心标注定位坐标。

2）以相对坐标定位时，应以建筑物外墙或轴线作为定位起始基准线，标注管道与该基准线的距离。

3）圆形构筑物应以圆心为基点标注坐标或距建筑物外墙（或道路中心）的距离。

4）矩形构筑物应以两对角线为基点，标注坐标或距建筑物外墙的距离。

5）坐标线、距离标注线均采用细实线绘制。

6 标高标注方法应符合下列规定：

1）总图中标注的标高应为绝对标高；

2）建筑物标注室内±0.00 处的绝对标高时，应按图 4.4.1 的方法标注；

3）管道标高应按本标准第 4.4.3 条的规定标注。

47.25(±0.00)   47.25(±0.00)

图 4.4.1 室内±0.00 处的绝对标高标注

7 管径标注方法应符合下列规定：

1）管径代号应按本标准第 2.4.2 条的规定选用；

2）管径的标注方法应符合本标准第 2.4.3 条的规定。

8 指北针或风玫瑰图应绘制在总图管道布图图样的右上角。

4.4.2 给水管道节点图宜按下列规定绘制：

1 管道节点图可不按比例绘制，但节点位置、编号、接出管方向应与给水排水管道总图一致。

2 管道应注明管径、管长及泄水方向。

3 节点阀门井的绘制应包括下列内容：

1）节点平面形状和大小；

2）阀门和管件的布置、管径及连接方式；

3）节点阀门井中心与井内管道的定位尺寸。

4 必要时，节点阀门井应绘制剖面示意图。

5 给水管道节点图图样见图4.4.2所示。

4.4.3 总图管道布置图上标注管道标高宜符合下列规定：

1 检查井上、下游管道管径无变径且无跌水时，宜按图4.4.3-1的方式标注；

2 检查井内上、下游管道的管径有变化或有跌水时，宜按图4.4.3-2的方式标注；

3 检查井内一侧有支管接入时，宜按图4.4.3-3的方式标注；

4 检查井内两侧均有支管接入时，宜按图4.4.3-4的方式标注。

4.4.4 设计采用管道纵断面图的方式表示管道标高时，管道纵断面图宜按下列规定绘制：

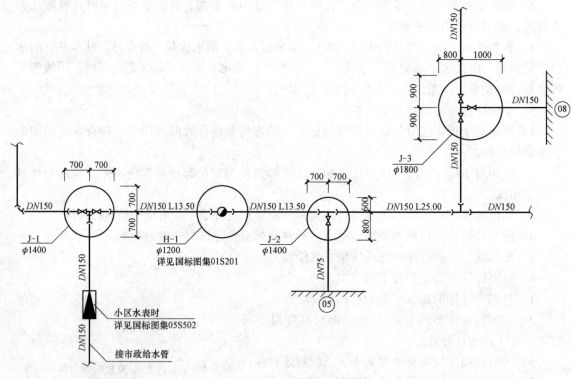

图4.4.2　给水管道节点图图样

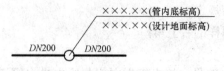

图4.4.3-1　检查井上、下游管道管径
无变径且无跌水时管道标高标注

图4.4.3-2　检查井内上、下游管道的管径
有变化或有跌水时管道标高标注

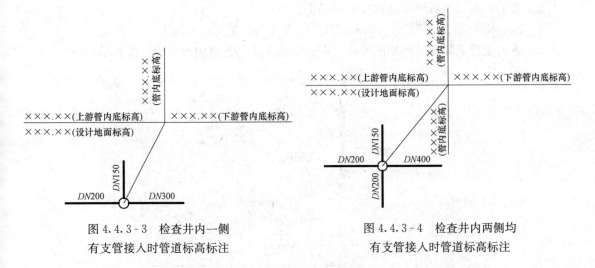

图 4.4.3-3 检查井内一侧
有支管接入时管道标高标注

图 4.4.3-4 检查井内两侧均
有支管接入时管道标高标注

1 采用管道纵断面图表示管道标高时应包括下列图样及内容：

1）压力流管道纵断面图见图 4.4.4-1 所示；

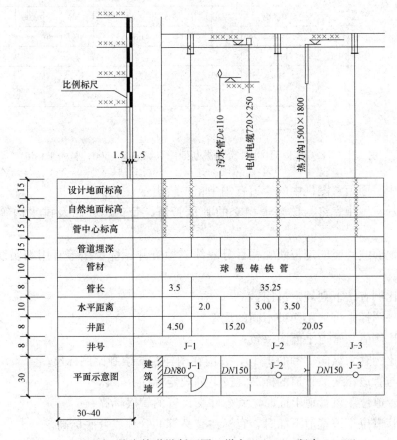

图 4.4.4-1 给水管道纵断面图（纵向 1∶500，竖向 1∶50）

2）重力管道纵断面图见图 4.4.4-2 所示。

2 管道纵断面图所用图线宜按下列规定选用：

1） 压力流管道管径不大于 400mm 时，管道宜用中粗实线单线表；

2） 重力流管道除建筑物排出管外，不分管径大小均宜以中粗实线双线表示；

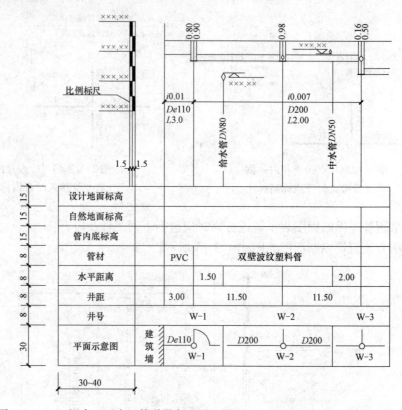

设计地面标高				
自然地面标高				
管内底标高				
管材	PVC	双壁波纹塑料管		
水平距离		1.50		2.00
井距	3.00	11.50	11.50	
井号	W-1	W-2	W-3	
平面示意图	建筑墙 De110 W-1	D200 W-2 D200	W-3	

图 4.4.4-2 污水（雨水）管道纵断面图（纵向 1：500，竖向 1：50）

3） 图样中平面示意图栏中的管道宜用中粗单线表示；

4） 平面示意图中宜将与该管道相交的其他管道、管沟、铁路及排水沟等按交叉位置给出；

5） 设计地面线、竖向定位线、栏目分隔线、检查井、标尺线等宜用细实线，自然地面线宜用细虚线。

3 图样比例宜按下列规定选用：

1） 在同一图样中可采用两种不同的比例；

2） 纵向比例应与管道平面图一致；

3） 竖向比例宜为纵向比例的 1/10，并应在图样左端绘制比例标尺。

4 绘制与管道相交叉管道的标高宜按下列规定标注：

1） 交叉管道位于该管道上面时，宜标注交叉管的管底标高；

2） 交叉管道位于该管道下面时，宜标注交叉管的管顶或管底标高。

5 图样中的"水平距离"栏中应标出交叉管距检查井或阀门井的距离，或相互间的距离。

6 压力流管道从小区引入管经水表后应按供水水流方向先干管后支管的顺序绘制。

7 排水管道以小区内最起端排水检查井为起点，并应按排水水流方向先干管后支管的顺序绘制。

4.4.5 设计采用管道高程表的方法表示管道标高时，宜符合下列规定：

1 重力流管道也可采用管道高程表的方式表示管道敷设标高；

2 管道高程表的格式见表4.4.5所示。

表4.4.5　　　　　　　　××管道高程表

序号	管段编号		管长(m)	管径(mm)	坡度(%)	管底坡降(m)	管底跌落(m)	设计地面标高(m)		管内底标高(m)		埋深(m)		备注
	起点	终点						起点	终点	起点	终点	起点	终点	

注 表格线型见本标准图4.1.9。

4.5　建筑给水排水平面图

4.5.1 建筑给水排水平面图应按下列规定绘制：

1 建筑物轮廓线、轴线号、房间名称、楼层标高、门、窗、梁柱、平台和绘图比例等，均应与建筑专业一致，但图线应用细实线绘制。

2 各类管道、用水器具和设备、消火栓、喷洒水头、雨水斗、立管、管道、上弯或下弯以及主要阀门、附件等，均应按本标准第3章规定的图例，以正投影法绘制在平面图上，其图线应符合本标准第2.1.2条的规定。

管道种类较多，在一张平面图内表达不清楚时，可将给水排水、消防或直饮水管分开绘制相应的平面图。

3 各类管道应标注管径和管道中心距建筑墙、柱或轴线的定位尺寸，必要时还应标注管道标高。

4 管道立管应按不同管道代号在图面上自左至右按本标准第2.5.2条的规定分别进行编号，且不同楼层同一立管编号应一致。

消火栓也可分楼层自左至右按顺序进行编号。

5 敷设在该层的各种管道和为该层服务的压力流管道均应绘制在该层的平面图上；敷设在下一层而为本层器具和设备排水服务的污水管、废水管和雨水管应绘制在本层平面图上。如有地下层时，各种排出管、引入管可绘制在地下层平面图上。

6 设备机房、卫生间等另绘制放大图时，应在这些房间内按现行国家标准《房屋建筑制图统一标准》GB/T 50001的规定绘制引出线，并应在引出线上面注明"详见水施-××"

字样。

7 平面图、剖面图中局部部位需另绘制详图时，应在平面图、剖面图和详图上按现行国家标准《房屋建筑制图统一标准》GB/T 50001 的规定绘制被索引详图图样和编号。

8 引入管、排出管应注明与建筑轴线的定位尺寸、穿建筑外墙的标高和防水套管形式，并应按本标准第 2.5.1 条的规定，以管道类别自左至右按顺序进行编号。

9 管道布置不相同的楼层应分别绘制其平面图；管道布置相同的楼层可绘制一个楼层的平面图，并按现行国家标准《房屋建筑制图统一标准》GB/T 50001 的规定标注楼层地面标高。

平面图应按本标准第 2.3 节和 2.4 节的规定标注管径、标高和定位尺寸。

10 地面层（±0.000）平面图应在图幅的右土方按现行国家标准《房屋建筑制图统一标准》GB/T 50001 的规定绘制指北针。

11 建筑专业的建筑平面图采用分区绘制时，本专业的平面图也应分区绘制，分区部位和编号应与建筑专业一致，并应绘制分区组合示意图，各区管道相连但在该区中断时，第一区应用"至水施 - ××"，第二区左侧应用"自水施 - ××"，右侧应用"至水施 - ××"方式表示，并应以此类推。

12 建筑各楼层地面标高应以相对标高标注，并应与建筑专业一致。

4.5.2 屋面给水排水平面图应按下列规定绘制：

1 屋面形状、伸缩缝或沉降位置、图面比例、轴线号等应与建筑专业一致，但图线应采用细实线绘制。

2 同一建筑的楼层面如有不同标高时，应分别注明不同高度屋面的标高和分界线。

3 屋面应绘制出雨水汇水天沟、雨水斗、分水线位置、屋面坡向、每个雨水斗的汇水范围，以及雨水横管和主管等。

4 雨水斗应进行编号，每只雨水斗宜注明汇水面积。

5 雨水管应标注管径、坡度。如雨水管仅绘制系统原理图时，应在平面图上标注雨水管起始点及终止点的管道标高。

6 屋面平面图中还应绘制污水管、废水管、污水潜水泵坑等通气立管的位置，并应注明立管编号。当某标高层屋面设有冷却塔时，应按实际设计数量表示。

4.6 管 道 系 统 图

4.6.1 管道系统图应表示出管道内的介质流经的设备、管道、附件、管件等连接和配置情况。

4.6.2 管道展开系统图应按下列规定绘制：

1 管道展开系统图可不受比例和投影法则限制，可按展开图绘制方法按不同管道种类分别用中粗实线进行绘制，并应按系统编号。一般高层建筑和大型公共建筑宜绘制管道展开系统图。

2 管道展开系统图应与平面图中的引入管、排出管、立管、横干管、给水设备、附件、仪器仪表及用水和排水器具等要素相对应。

3 应绘出楼层（含夹层、跃层、同层升高或下降等）地面线。层高相同时楼层地面线应等距离绘制，并应在楼层地面线左端标注楼层层次和相对应楼层地面标高。

4 立管排列应以建筑平面图左端立管为起点，顺时针方向自左向右按立管位置及编号依次顺序排列。

5 横管应与楼层线平行绘制，并应与相应立管连接，为环状管道时两端应封闭，封闭线处宜绘制轴线号。

6 立管上的引出管和接入管应按所在楼层用水平线绘出，可不标注标高（标高应在平面图中标注），其方向、数量应与平面图一致，为污水管、废水管和雨水管时，应按平面图接管顺序对应排列。

7 管道上的阀门、附件，给水设备、给水排水设施和给水构筑物等，均应按图例示意绘出。

8 立管偏置（不含乙字管和 2 个 45°弯头偏置）时，应在所在楼层用短横管表示。

9 立管、横管及末端装置等应标注管径。

10 不同类别管道的引入管或排出管，应绘出所穿建筑外墙的轴线号，并应标注出引入管或排出管的编号。

4.6.3 管道轴测系统图应按下列规定绘制：

1 轴测系统图应以 45°正面斜轴测的投影规则绘制。

2 轴测系统图应采用与相对应的平面图相同的比例绘制。当局部管道密集或重叠处不容易表达清楚时，应采用断开绘制画法，也可采用细虚线连接画法绘制。

3 轴测系统图应绘出楼层地面线，并应标注出楼层地面标局。

4 轴测系统图应绘出横管水平转弯方向、标高变化、接入管或接出管以及末端装置等。

5 轴测系统图应将平面图中对应的管道上的各类阀门、附件、仪表等给水排水要素按数量、位置、比例一一绘出。

6 轴测系统图应标注管径、控制点标高或距楼层面垂直尺寸、立管和系统编号，并应与平面图一致。

7 引入管和排出管均应标出所穿建筑外墙的轴线号、引入管和排出管编号、建筑室内地面线与室外地面线，并应标出相应标高。

8 卫生间放大图应绘制管道轴测图。多层建筑宜绘制管道轴测系统图。

4.6.4 卫生间采用管道展开系统图时应按下列规定绘制：

1 给水管、热水管应以立管或入户管为基点，按平面图的分支、用水器具的顺序依次绘制。

2 排水管道应按用水器具和排水支管接入排水横管的先后顺序依次绘制。

3 卫生器具、用水器具给水和排水接管，应以其外形或文字形式予以标注，其顺序、数量应与平面图相同。

4 展开系统图可不按比例绘图。

4.7 局部平面放大图、剖面图

4.7.1 局部平面放大图应按下列规定绘制：

1 本专业设备机房、局部给水排水设施和卫生间等按本标准第 4.3.1 条规定的平面图难以表达清楚时，应绘制局部平面放大图。

2 局部平面放大图应将设计选用的设备和配套设施，按比例全部用细实线绘制出其外形或基础外框、配电、检修通道、机房排水沟等平面布置图和平面定位尺寸，对设备、设施及构筑物等应按本标准第 2.5.4 条的规定自左向右、自上而下的进行编号。

3 应按图例绘出各种管道与设备、设施及器具等相互接管关系及在平面图中的平面定位尺寸；如管道用双线绘制时应采用中粗实线按比例绘出，管道中心线应用单点长画细线表示。

4 各类管道上的阀门、附件应按图例、按比例、按实际位置绘出，并应标注出管径。

5 局部平面放大图应以建筑轴线编号和地面标高定位，并应与建筑平面图一致。

6 绘制设备机房平面放大图时，应在图签的上部绘制"设备编号与名称对照表"（图 4.7.1）。

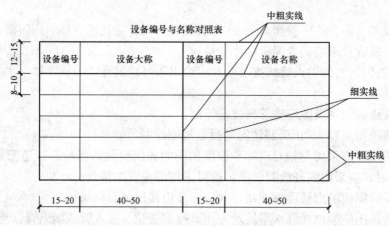

图 4.7.1 设备编号与名称对照表

7 卫生间如绘制管道展开系统图时，应标出管道的标高。

4.7.2 剖面图应按下列规定绘制：

1 设备、设施数量多，各类管道重叠、交叉多，且用轴测图难以表示清楚时，应绘制剖面图。

2 剖面图的建筑结构外形应与建筑结构专业一致，应用细实线绘制。

3 剖面图的剖切位置应选在能反映设备、设施及管道全貌的部位。剖切线、投射方向、剖切符号编号、剖切线转折等，应符合现行国家标准《房屋建筑制图统一标准》GB/T 50001 的规定。

4 剖面图应在剖切面处按直接正投影法绘制出沿投影方向看到的设备和设施的形状、基础形式、构筑物内部的设备设施和不同水位线标高、设备设施和构筑物各种管道连接关系、仪器仪表的位置等。

5 剖面图还应表示出设备、设施和管道上的阀门、附件和仪器仪表等位置及支架（或吊架）形式。剖面图局部部位需要另绘详图时，应标注索引符号，索引符号应按现行国家标准《房屋建筑制图统一标准》GB/T 50001 的规定绘制。

6 应标注出设备、设施、构筑物、各类管道的定位尺寸、标高、管径，以及建筑结构的空间尺寸。

7 仅表示某楼层管道密集处的剖面图，宜绘制在该层平面图内。

8 剖切线应用中粗线，剖切面编号应用阿拉伯数字从左至右顺序编号，剖切编号应标注在剖切线一侧，剖切编号所在侧应为该剖切面的剖示方向。

4.7.3 安装图和详图应按下列规定绘制：

1 无定型产品可供设计选用的设备、附件、管件等应绘制制造详图。无标准图可供选用的用水器具安装图、构筑物节点图等，也应绘制施工安装图。

2 设备、附件、管件等制造详图，应以实际形状绘制总装图，并应对各零部件进行编号，再对零部件绘制制造图。该零部件下面或左侧应绘制包括编号、名称、规格、材质、数量、重量等内容的材料明细表；其图线、符号、绘制方法等应按现行国家标准《机械制图 图样画法图线》GB/T 4457.4、《机械制图 剖面符号》GB 4457.5、《机械制图 装配图中零、部件序号及其编排方法》GB/T 4458.2 的有关规定绘制。

3 设备及用水器具安装图应按实际外形绘制，对安装图各部件应进行编号，应标注安装尺寸代号，并应在该安装图右侧或下面绘制包括相应尺寸代号的安装尺寸表和安装所需的主要材料表。

4 构筑物节点详图应与平面图或剖面图中的索引号一致，对使用材质、构造做法、实际尺寸等应按现行国家标准《房屋建筑制图统一标准》GB/T 50001 的规定绘制多层共用引出线，并应在各层引出线上方用文字进行说明。

4.8 水净化处理流程图

4.8.1 初步设计宜采用方框图绘制水净化处理工艺流程图（图 4.8.1）。

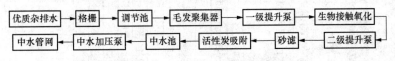

图 4.8.1　水净化处理工艺流程

4.8.2 施工图设计应按下列规定绘制水净化处理工艺流程断面图：

1 水净化处理工艺流程断面图应按水流方向，将水净化处理各单元的设备、设施、管道连接方式按设计数量全部对应绘出，但可不按比例绘制。

2 水净化处理工艺流程断面图应将全部设备及相关设施按设备形状、实际数量用细实线绘出。

3 水净化处理设备和相关设施之间的连接管道应以中粗实线绘制，设备和管道上的阀门、附件、仪器仪表应以细实线绘制，并应对设备、附件、仪器仪表进行编号。

4 水净化处理工艺流程断面图（图 4.8.2）应标注管道标高。

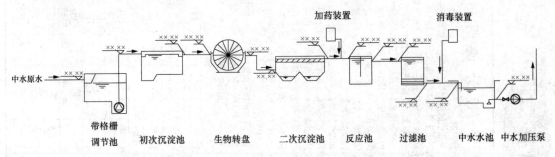

图 4.8.2　水净化处理工艺流程断面图画法示例

5 水净化处理工艺流程断面图应绘制设备、附件等编号与名称对照表。

给水排水工程施工图实例与识图点评

设计说明

一、设计范围

根据建筑单位提供的作业图，本设计包括给水系统、排水系统、消火栓系统。本设计由工业主设有提供室外给水及排水的有关资料。

本设计给水管道作到室外给水表井处，水表井业主负责。排水管道作到室外第 1m 处。今后作室外给水压及排水管径应满足本楼的给水压及专业要求。

二、设计依据

室外给水管压力及水量不能满足室内消防要求，室外应设增压系统房，并自备消防规范设置室外消火栓。

本说明和设计图图纸有同等效力，凡载于此而未载于彼者做于此。本说明和设计图纸执行。若两者有矛盾时，应以设计人解释为准。本设计选用的标准图制品厂产品，并应有符合国家或部颁现行的技术及材料均为全新产品，并应有符合国家或部颁现行的技术及材料鉴定文件或产品合格证。

消火栓采用飞达金属制品厂产品，消火栓箱内配备有 D65mm 水龙带一条，D65×19mm 水枪一支。

四、管材与接口

1. 给水管、室内消火栓均采用镀锌钢管，丝扣连接。
   DN≤50mm 者，采用镀锌钢管，采用石棉水泥捻口。
   DN>50mm 者，采用排水铸铁管，石棉水泥捻口。

给水出户管编号
排水出户管编号
消火栓出户管编号

五、阀门： DN≤50mm 者为截止阀；DN>50mm 者采用闸阀。

间阀。

六、管道防腐

1. 给水管外刷银粉二道，埋地管外刷热沥青二道。
2. 消火栓管先刷樟丹二道，再刷调合漆二道（红色）。埋地管外刷沥青二道。
3. 排水铸铁管外刷樟丹一道，银粉二道。埋地管外刷热沥青二道。
4. 所有管道在进行防腐前应进行除锈。

七、尺寸和标高

1. 所注尺寸除标高和管长以米计外，其余均以毫米计。
2. 管道标高：给水、消火栓均管中心，污水管管内底。

八、 除本说明外，均应遵照《建筑给水排水及采暖工程施工质量验收规范》GB 50242—2002（以下简称"规范"）要求施工。

九、 管道穿混凝土楼板及墙时应在在浇筑前与土建配合，留出必要的孔洞以利管道安装。尽可能避免事后打洞损伤钢筋。

图例

名 称	符号
给水管	
排水管	
给水立管及编号	WL
排水立管及编号	ML
消防水泵接合器	
S、P 型存水弯	
闸阀	
截止阀	
拖布池	
消火栓	
给水出户管编号	
排水出户管编号	
消火栓出户管编号	

名 称	符号
消火栓给水管	GL
地漏	
通气帽	
普通龙头	
止回阀	
检查口	
清扫口	
八字阀	
蹲式大便器	
小便器	
洗脸盆	
坐式大便器	

图纸目录

序号	图纸名称	图号	备注
1	说明、图例、图纸目录、标准图	水施 1	
2	目录及消防水栓系统图	水施 2	
3	一层给水排水及消防平面图	水施 3	
4	二层给水排水及消防平面图	水施 4	
5	三层给水排水及消防平面图	水施 5	
6	四层给水排水及消防水系统图	水施 6	
7	给水系统图	水施 7	
8	厕所及卫生间放大图	水施 8	
9	餐厅、汽车库给排水平面图	水施 9	

使用《国标》目录（甲型）

1	拖布池安装图		供参考
2	洗脸盆安装图	90S34227	供参考
3	管道支架及吊架	90S34235	供参考
4	坐式大便器安装图	S119	供参考
5	小便器安装图	S9034264	供参考
6	蹲式大便器安装图	S9034278	供参考
7	消火栓安装图	S9034264 91SB/107	供参考

消火栓系统图

（系统图标高：14.10、10.80、7.50、4.20、±0.00、-1.45；立管编号 GL-1、GL-2、GL-3、GL-4；管径 D70、D80、D100；轴线 ⑧Ⓑ Ⓖ Ⓕ；注"设在暖间中心"）

××建筑设计院	项 目	说明、图例、图纸目录 及消防火栓系统图
工程名称	××办公大楼	设计号 93-031
设计主持人		图号 水施1
工种负责人		日期 93.4
设计制图		
审定　审核　校对		

132

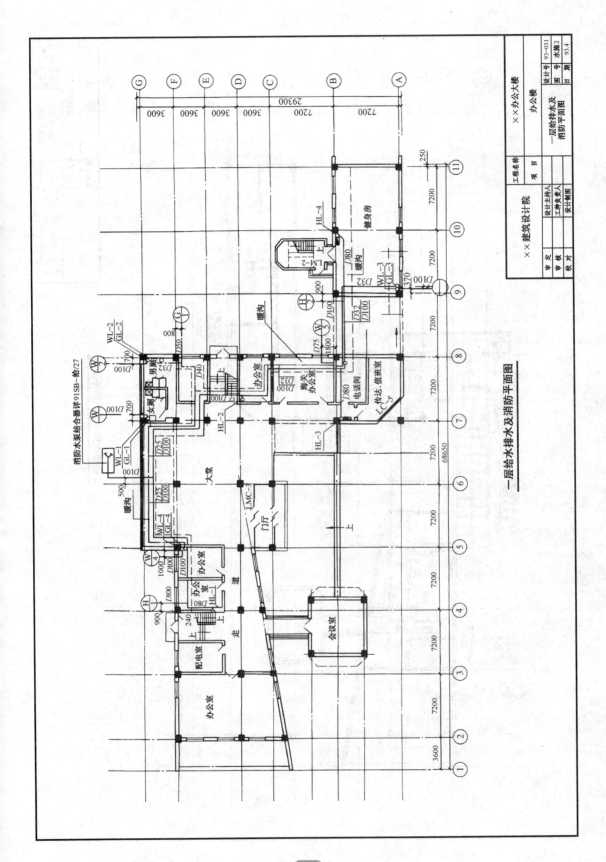

一层给水排水及消防平面图

工程名称	××办公大楼		设计号	93-031
项 目	办公楼		图 号	水施2
××建筑设计院	一层给水排水及消防平面图		日 期	93.4
审 定		设计主持人		
审 核		工种负责人		
校 对		设计制图		

133

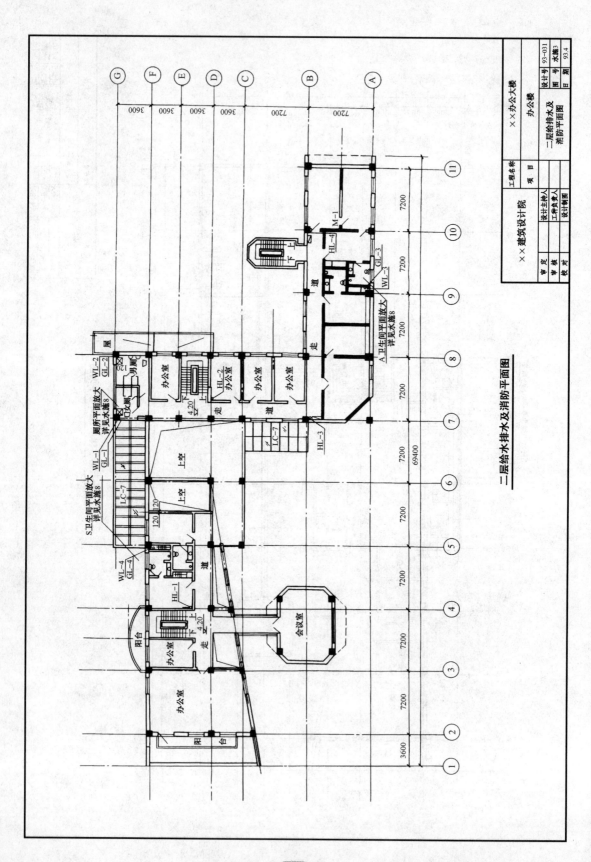

二层给水排水及消防平面图

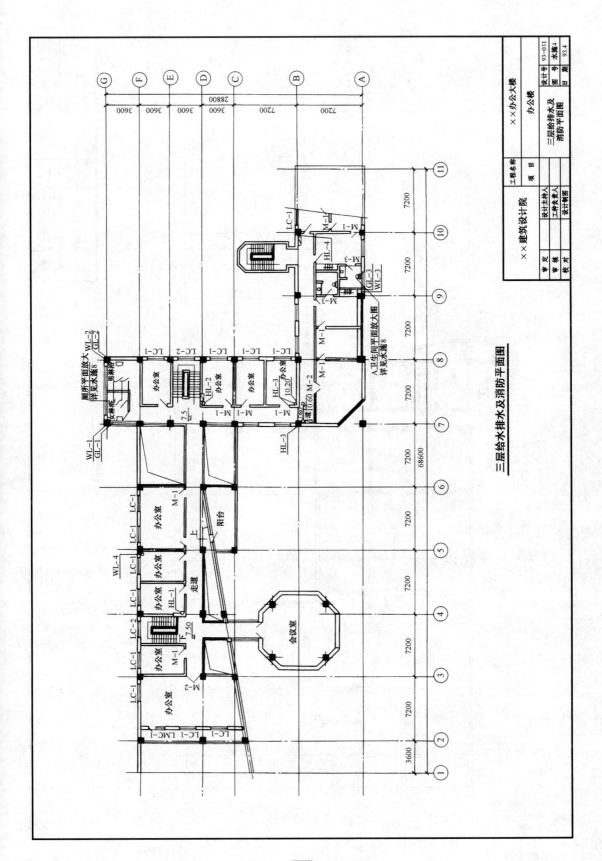

三层给水排水及消防平面图

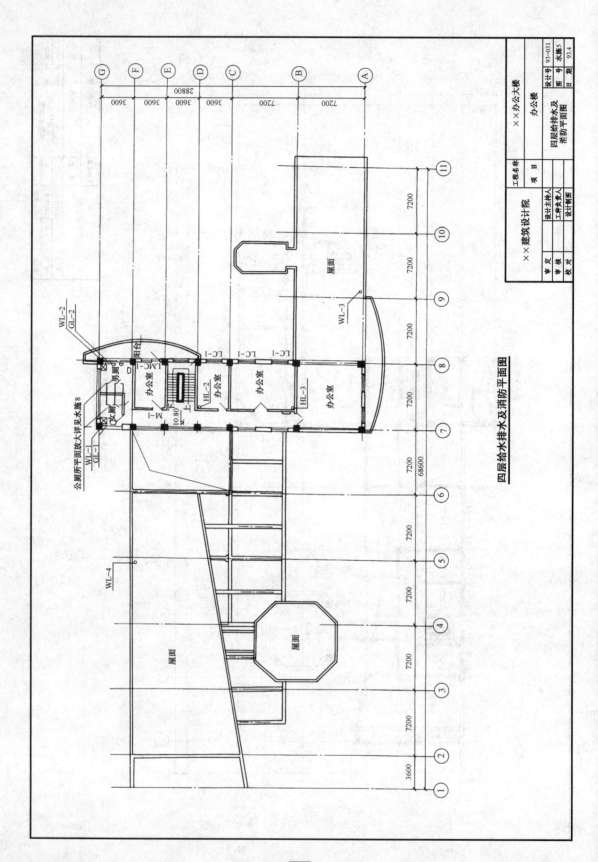

四层给水排水及消防平面图

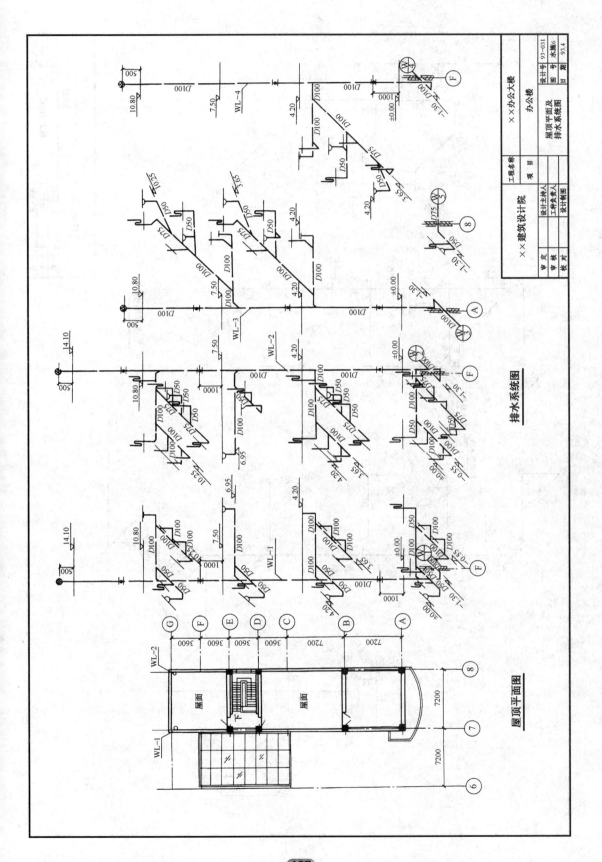

排水系统图

屋顶平面图

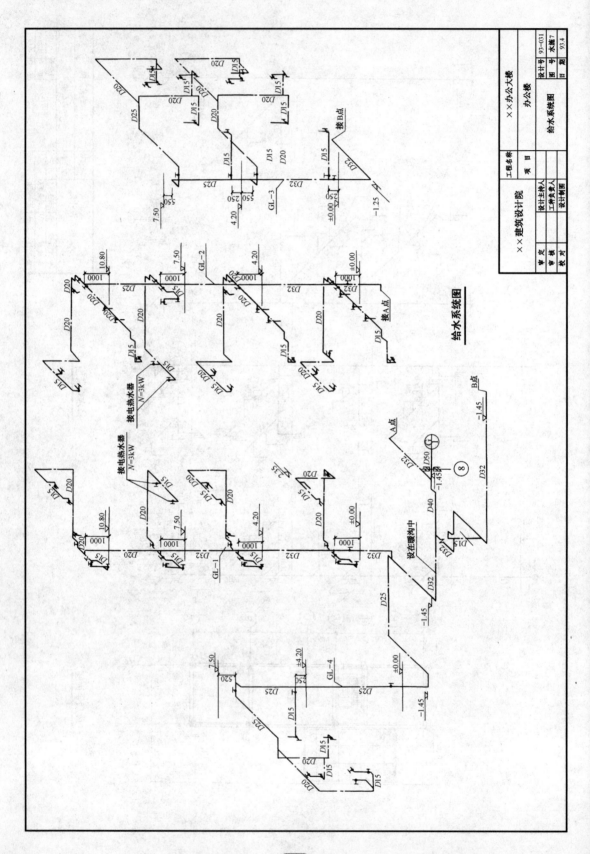

给水系统图

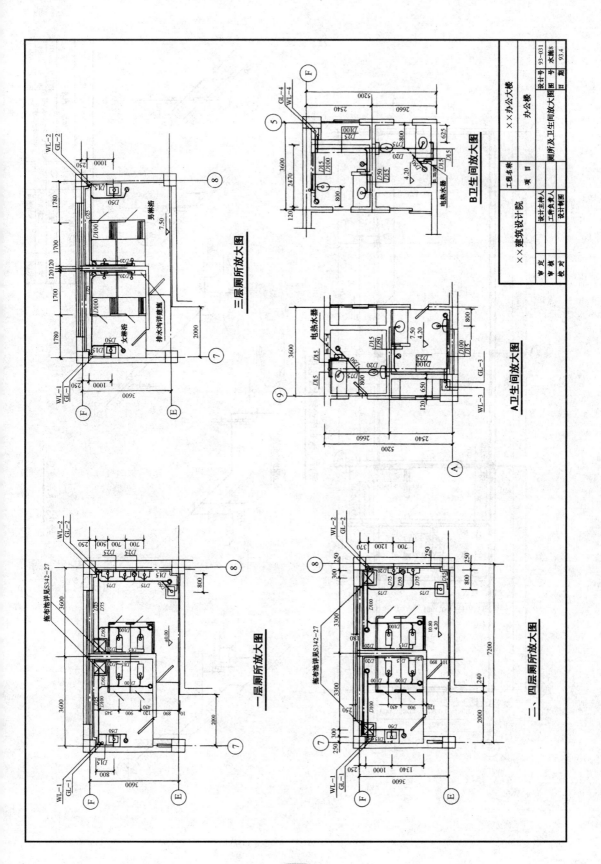

三层厕所放大图

B卫生间放大图

A卫生间放大图

一层厕所放大图

二、四层厕所放大图

		××建筑设计院			工程名称	××办公大楼
审 定				项 目		
审 核		设计主持人			设计号	93-031
校 对		工种负责人		厕所及卫生间放大图	图 号	水施8
		设计制图			日 期	93.4

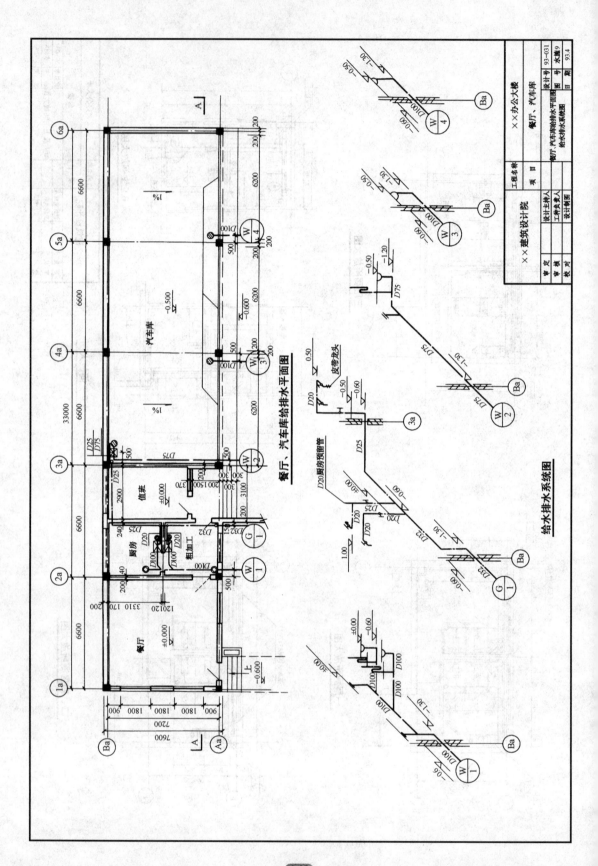

餐厅、汽车库给排水平面图

给水排水系统图

××建筑设计院		工程名称	××办公大楼	设计号	93-031
		项 目	餐厅、汽车库	水施9	水施9
		设计主持人			
审 定		工种负责人	餐厅、汽车库给排水平面图 给水排水系统图	图 号	水施9
审 核					
校 对		设计制图		日 期	93.4

140

设 计 说 明

1. 本说明和设计图纸两者有同等效力，凡载明于此而未载明于彼者，均应遵照执行。若两者有矛盾时，应以设计人解释为准。

2. 设计选用的设备和器材均为全新合格及节能产品，施工承包者在购买和施工安装前，应对其产品质量进行认真检查后，方可施工。

3. 给水由市政给水管直接供水（压力为27kN/cm²），室内粪便污水和生活洗涤废水合流排出至室外污水井。

4. 热水由两台电加热器供应热水，热水器是全自动控制通电后，可根据需要进行无级调温，加热到所需温度时，调节仪发出信号，达到保温状态（适用某电器厂生产的RS300-15、RS300-9两台）。

5. 生活给水管、热水管采用镀锌钢管，螺纹连接。生活污水管采用排水铸铁管，石棉水泥捻口。

6. 给水管采用截止阀，D>50mm者采用闸阀，地漏算子采用镀铬制品，水封高度不小于50mm，地漏算子表面低于该处地面20mm。

7. 所有管道除淋浴间明设外，其余均在管井、吊顶、隔墙、隔墙管槽内暗装。所有热水管须用岩棉壳保温，保温材料外缠一道玻璃布。所有热水管保温厚度为25mm，保温材料外缠一道玻璃布。

8. 所有管道在进行防腐前均应除锈，暗装在管井、墙槽、吊顶内的钢管，先刷樟丹二道，再进行保温，吊顶内的铸铁管刷热沥青二道，再进行保温。

9. 图中所注尺寸除管长、标高以米计外，其余均以毫米计。图中所注管道标高：给水、热水管道指管中心，污水管道指管内底。

10. 除本设计说明外，应严格按照规范进行施工。

使用标准图纸目录

序号	名 称	图 号	备注
1	坐式便器	91SB-Ⅱ (9)	华北标
2	落地式小便器	91SB-Ⅱ (83)	华北标
3	台式洗面器安装（二）	91SB-Ⅱ (20)	华北标
4	淋浴器——双门成品安装	91SB-Ⅱ (71)	华北标

图纸目录

序号	图号	图纸名称	规格	备注
1	水施1	首页		
2	水施2	一层给水排水平面图		
3	水施3	二层给水排水平面图		
4	水施4	给水、热水透视图		
5	水施5	厕所及卫生间放大图 排水透视图		

××建筑设计院

		工程名称	××企业职工宿舍楼		
		项 目	主楼		
审 定		设计主持人		设计号	93-091
审 核		工程负责人		图 号	首页
校 对		设计制图		日 期	93.9

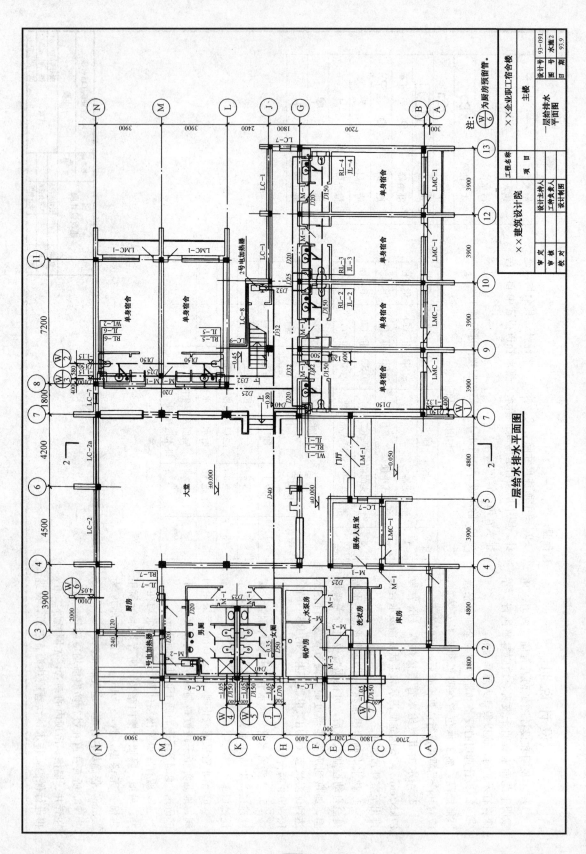

一层给水排水平面图

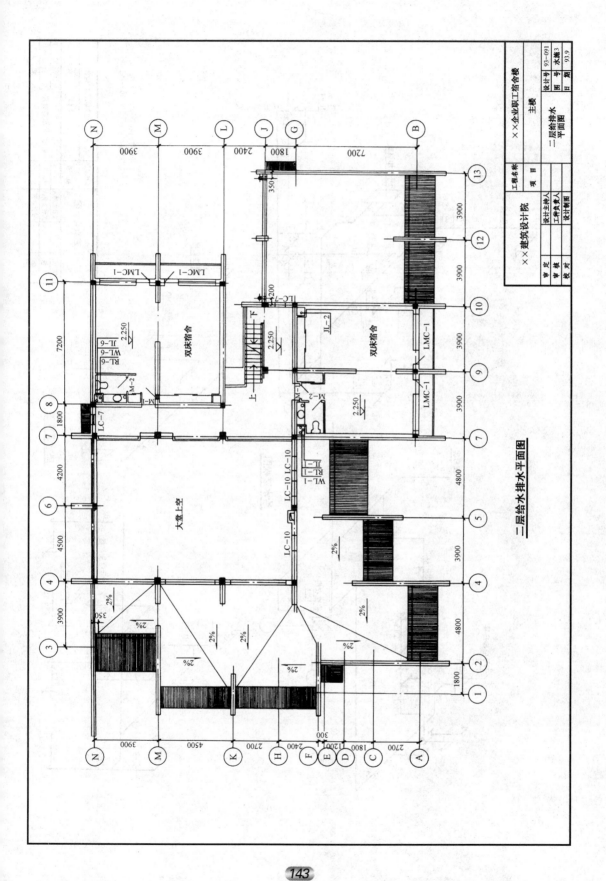

二层给水排水平面图

工程名称			××企业职工宿舍楼
项 目			主楼
设计主持人		二层给排水	设计号 93-091
工种负责人		平面图	图 号 水施3
设计制图			日 期 93.9

××建筑设计院

审 定
审 核
校 对

143

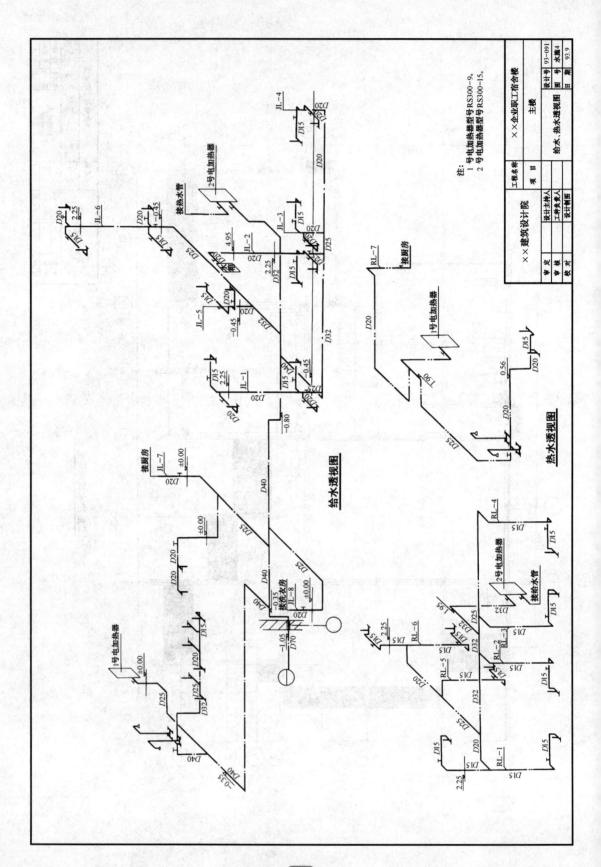

给水透视图

热水透视图

注:
1 号电加热器型号 RS300—9。
2 号电加热器型号 RS300—15。

××建筑设计院		工程名称	××企业职工宿舍楼	设计号	93—091
		项 目	主楼	图 号	水施4
审 定		设计主持人			日 期	93.9
审 核		工种负责人			
校 对		设计制图			

给水、热水透视图

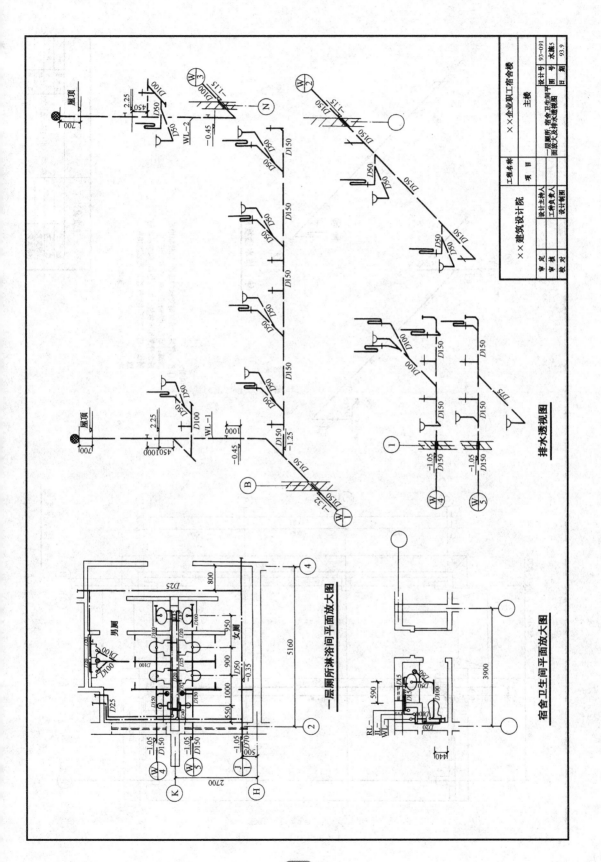

排水透视图

一层厕所淋浴间平面放大图

宿舍卫生间平面放大图

××建筑设计院		××企业职工宿舍楼			
审 定		工程名称		设计号	93-091
审 核	设计主持人	主楼		图 号	水施5
校 对	工种负责人	项 目	一层厕所、宿舍卫生间平面放大及排水透视图	日 期	93.9
	设计制图				

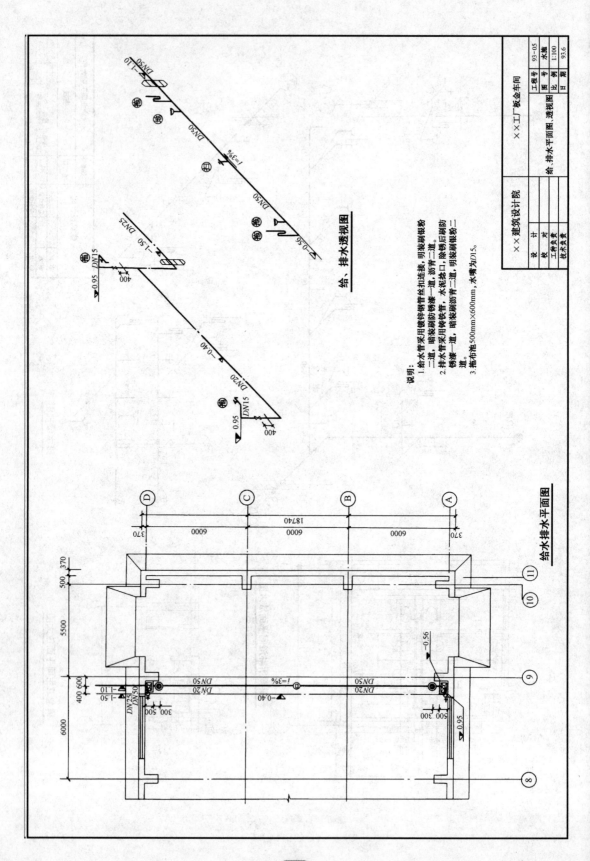

给、排水透视图

说明：
1. 给水管采用镀锌钢管丝扣连接，明装刷银粉二道，暗装刷防锈漆一道，沥青一道。
2. 排水管采用铸铁管，水泥捻口，除锈后刷防锈漆一道，暗装刷沥青二道，明装刷银粉二道。
3. 拖布池500mm×600mm，水嘴为DN15。

给水排水平面图

	××建筑设计院	××工厂钣金车间	
设 计	校 对	给、排水平面图、透视图	工程号 93-05
工种负责			图 号 水施
技术负责			比 例 1:100
			日 期 93.6

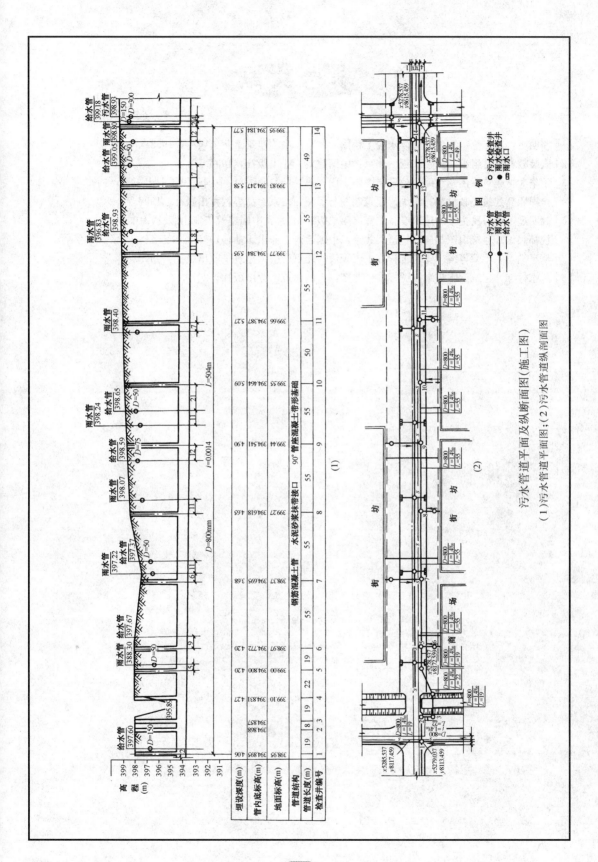

污水管道平面及纵断面图（施工图）

(1)污水管道平面图；(2)污水管道纵剖面图

147

参考文献

[1] 霍明昕，刘江等编. 怎样阅读水暖工程图. 北京：中国建筑工业出版社，1998.

[2] 安装教材编写组编. 采暖工程. 北京：中国建筑工业出版社，1991.

[3] 清华大学建筑系制图组编. 建筑制图与识图（第二版）. 北京：中国建筑工业出版社，1995.

[4] 全国职高建筑类教材编写组编. 建筑制图与识图. 北京：高等教育出版社，1997.

[5] 高明远，杜一民主编. 建筑设备工程（第二版）. 北京：中国建筑工业出版社，1999.

[6] 倪福兴编. 建筑识图与房屋构造. 北京：中国建筑工业出版社，1997.

[7] 柳惠钏，牛小荣等编. 建筑工程施工图识读. 北京：中国建筑工业出版社，1999.

[8] 国家标准，建筑给水排水制图标准. 北京：中国建筑工业出版社，2010.